U0189607

Hello Seashells

初识海贝

主编◎张素萍　文稿编撰◎张素萍　吴景雨　史令　图片统筹◎王晓

"神奇的海贝"丛书

神奇的海贝，
带你走进五彩缤纷的海贝世界

亲爱的青少年朋友，当你漫步海边，可曾俯身捡拾海滩上的零星海贝？当你在礁石上玩耍时，可曾想到有多少种海贝以此为家？当你参观贝类博物馆时，千姿百态的贝壳可曾让你流连忘返？来，“神奇的海贝”丛书，带你走进五彩缤纷的海贝世界。

贝类，又称软体动物。目前全球已知的贝类约有11万种之多，其中绝大多数为海贝。海贝是海洋生物多样性的重要组成部分，其中很多种类具有较高的经济、科研和观赏价值，它们有的可食用、有的可药用、有的可观赏和收藏等。海贝与人类的生活密切相关，早在新石器时代，人们就开始观察和利用贝类了。在人类社会的发展进程中，海贝一直点缀着人类的生活，也丰富着人类的文化。

我国是海洋大国，拥有漫长的海岸线，跨越热带、亚热带和温带三个气候带，有南海、东海、黄海和渤海四大海区，管辖的海域垂直深度从潮间带延伸至千米以上。各海区沿岸潮间带和近海生态环境差异很大，不同海洋环境中生活着不同的海贝。据初步统计，我国已发现的海贝达4000余种。

现在，国内已出版了许多海贝相关书籍，但专门为青少年编写的集知识性和趣味性于一体的海贝知识丛书却并不多见。为了普及海洋贝类知识，让更多的人认识海贝、了解海贝，我们为青少年朋友编写了这套科普读物——“神奇的海贝”丛书。这套丛书图文并茂，将为你全方位地呈现海贝知识。

“神奇的海贝”丛书分为《初识海贝》、《海贝生存术》、《海贝与人类》、《海贝传奇》和《海贝采集与收藏》五册。从不同角度对海贝进行了较全面的介绍，向你展示了一个神奇的海贝世界。《初识海贝》展示了海贝家族的概貌，系统地呈现海贝现存的七个纲以及各纲的主要特征等，可使你对海贝世界形成初步印象。《海贝生存术》按照海贝的生存方式和生活类型，介绍了海贝在错综复杂的生态环境中所具备的生存本领，在讲述时还配以名片夹来介绍一些常见海贝。《海贝与人类》揭示了海贝与人类物质生活和精神生活等方面的关系，着重介绍海贝在衣、食、住、行、乐等方面所具有的不可磨灭的贡献。《海贝传奇》则选取了10余种具有传奇色彩的海贝进行专门介绍，它们有的身世显赫，有的造型奇特，有的色彩缤纷。《海贝采集与收藏》系统讲述了海贝的生存环境、海贝采集方式和寻贝方法，介绍了一些著名的采贝胜地，讲解了海贝收藏的基本要领，带你进入一个海贝采集和收藏的世界。丛书中生动的故事和精美的图片，定会让你了解到一个精彩纷呈的海贝世界。

丛书中的许多图片由张素萍、王洋、尉鹏、吴景雨、史令和陈瑾等提供，这些图片主要来自他们的原创和多年珍藏。另有部分图片是用中国科学院海洋生物标本馆收藏的贝类标本所拍摄，在此一并表示感谢！限于水平，加之编写时间较为仓促，书中难免存在错误和不当之处，敬请大家批评指正。

张素萍

2015年2月，于青岛

前言 Preface

在浩瀚的大海中生活着许多海贝，它们有的造型美观，有的形态独特。经过漫长的进化和演变，一些海贝具有复杂的身体结构，一些海贝则保留了原始的模样。你想知道海贝的成长经历和生活方式吗？你想了解怎样辨别各种美丽的海贝吗？你想为海贝分类吗？带着你的好奇心，翻开《初识海贝》找答案吧！

《初识海贝》是“神奇的海贝”丛书的开篇之作，它会牵着你的手，带你走进神奇的海贝世界。在这里，你可以了解海洋贝类从低等到高等的系统演化关系，了解海贝的身体构造，知道如何给海贝分类，了解海贝的生长和发育过程，认识海贝的生活环境，知晓海贝与人类千丝万缕的关系等。《初识海贝》会带你在珊瑚丛中寻找海贝生活的踪迹，会引你在古地质层中探索海贝留存的痕迹，让你领略海洋作为“生命之舟”的博大和海贝种类的多样，感受海贝之美，感悟海贝对人类的启迪。

对为此书提供插图的张素萍、王洋、吴景雨、青岛贝壳博物馆等，以及绘制部分手绘图的张燕双致以真诚的谢意。谨以此书献给热爱海洋和喜欢海贝的你。

目录 Contents

你好，海贝！

海贝的家族

海贝成长记

建筑师海贝

海贝的家园

我们与海贝

你好，海贝！

为什么有的物种长盛不衰，有的则顷刻灭亡。身体构造无与伦比的鹦鹉螺，小小的蛤，完美进化的鱿鱼，从它们身上我们能找到共同祖先的影子，身体结构说明了一切，它们都是软体动物。事实证明，软体动物是适应性很强的动物。

——纪录片《生命的形状：生存者的游戏》

瞧，这些神奇的海贝

著名生物学家和科学记者迪特玛·迈腾斯博士曾说过：“提到软体动物的时候，许多人马上就会联想到那些黏糊糊的东西，印象中它们行动迟缓，既枯燥又乏味，事实并非如此。实际上，软体动物是地球上最迷人、最神秘的居民。”而在海洋中生活的海贝又因为一层蓝色的面纱，显得更神奇，更吸引人了。

海贝，海贝

神奇的自然界是孕育生命的摇篮，在形形色色的生命体中，有一群奇特的动物，由于它们身体柔软、不分节，因此被称为软体动物，又因为它们大多数披有石灰质外壳，所以也被称为贝类。不需要在“软体动物”和“贝类”这两个名字上纠结，它们基本上是可以画等号的。

软体动物是无脊椎动物中较大的一个类群，其种类之多，在排行榜上仅次于节肢动物。据不完全统计，世界上已知的软体动物有11万余种，而目前在我国沿海已发现的软体动物有4000余种。在这里介绍给大家的主要是生活在海洋里或海岸边的贝类，即海贝，与生活在河川、水田或者湖泊中以及陆地上的贝类相比，它们是“多数派”，占贝类总量的70%~80%。

当你漫步在夕阳下的沙滩时，可曾俯身捡拾被冲上海滩的零星海贝？当你和小伙伴们赶海时，可曾看到海贝在泥滩上留下的爬痕？当你在礁石上玩耍时，可曾想到有多少种海贝以此地为家？这些神奇的小生命被大海哺育，它们拥有千姿百态的形状和丰富多彩的花纹。

贝海拾珍

章鱼

你可能会问，到底有哪些动物属于海贝呢？海贝的种类可多啦，我们常见的海螺、蛤蜊、扇贝、章鱼、乌贼等都在海贝家族的“族谱”上。无论是在寒带、温带还是热带海域都能发现它们的踪迹。

海贝美丽吗？——当然！不用放大镜，你也会被它们美丽的色彩和形状深深吸引。“贝中之王”砗磲是海贝中的“尤物”，大砗磲壳长可达1米多，生活状态下的砗磲外套膜伸展，色彩斑斓，非常美丽。

砗磲

你可能爱吃扇贝肉，但不一定观察过它的贝壳，当你将贝壳刷洗干净，仔细观察它的时候，可能会爱上扇贝壳那缤纷的花纹。扇贝贝壳呈现的是静态之美，生活中的扇贝在遇到危险时则会呈现一种动态之美，它们会上下扇动贝壳进行蝶式游泳，形如一群彩色的蝴蝶。

北海道扇贝

彩耙丽扇贝

瘤狮爪扇贝

荣套扇贝

栉孔扇贝

龙宫翁戎螺

马氏珠母贝

黄金宝贝

滑车轮螺

杂斑海菊蛤

奇异宽肩螺

更不用说“壳中藏美”的大珠母贝、状如菊花的海菊蛤、身似旋梯的奇异宽肩螺、像车轮的滑车轮螺、高贵大气的黄金宝贝、古老珍奇的龙宫翁戎螺等，它们都是“海贝千美图”中不可或缺的“美物”，是大自然鬼斧神工的艺术品。

海贝的生活与你想象的也大不一样。也许你以为海贝只能趴在一个地方，安然沉静地度过一生，那是因为你不知道栉孔扇贝在特殊情况下会游泳；还有更厉害的——篱凤螺能跳起来，有的螺还能连续跳呢；也许你以为海贝为了保护自己，都以外壳的坚固面目示人，那是因为你不知道有些海贝的贝壳已退化消失，如头足纲中的章鱼等；也许你以为海贝都是“独来独往”，与其他生物没有过多往来，那是因为你不知道砗磲其实一直与虫黄藻共同“居住”在一起，它们相互依存；也许你以为海贝都是生活在海底或沙滩上，那是因为你不知道有一类海贝是“小小开凿师”，海笋、船蛆等能在岩石、木材等坚硬的物体上凿穴生活。

能跳跃前行的篱凤螺

这些海贝纵然千奇百怪、千姿百态，分属无板纲、多板纲、单板纲、腹足纲、掘足纲、双壳纲、头足纲七个家族，可是它们却同在海贝大“族群”中。别看它们外形差别很大，但是自然的奥秘就藏在表象之下，它们之所以同源同宗，是因为具有一些共同的特征。这些特征到底是什么呢？翻到下一页，给海贝照张相，你就能了解得更透彻了。

来，给海贝照张相

虽然贝类形态迥异，花纹曼妙，看上去没有多少相似之处，但在千变万化中却藏有恒常之道。它们身上有一些基本特征，这使它们区别于节肢动物、环节动物、哺乳动物等，贝类拥有自己的“边界”，这是自然为它们“设置”的只属于贝类族群的“篱笆墙”。

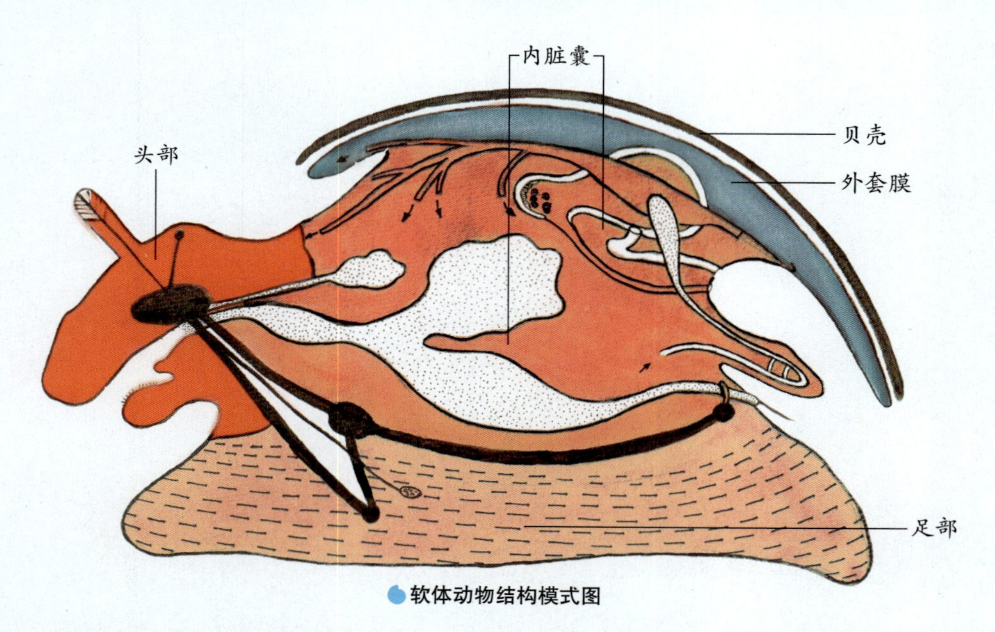

软体动物结构模式图

贝类形态各异，但基本结构相同：身体柔软不分节，由头部、足部、内脏囊、外套膜和贝壳组成。贝类研究者根据解剖学和进化理论推断出一个贝类的模式图，头在前面，足在腹面，内脏囊在身体的背面，其中包含大部分的内脏器官，如消化、循环、生殖等系统。外面通常有一个坚硬的贝壳，在贝壳与内脏之间还有一层膜，称“外套膜”，这层膜由内脏囊背侧的皮肤褶向下延伸而成，它可以保护内脏囊，而且它还可分泌碳酸钙，满足贝壳在生长过程中对钙的需求。

柔软而湿润的身体

海贝是生活在海洋的贝类，为了讲述方便，我们不妨从宏观的角度展开。从贝类大概念来说，它们身体柔软，体表湿润，这是外观最明显的特征，海贝更是这样，它们几乎离不开水。

锋利的齿舌

大部分海贝都有一个特殊的进食器官——齿舌，齿舌很锋利，能像锉一样把食物磨碎，但不同食性的海贝的齿舌形状有明显的不同，肉食性的比较尖锐，草食性的则比较平整。

并不是所有海贝都有齿舌，比如双壳纲海贝和一些营寄生生活的海贝就没有齿舌。

齿舌进食示意图

草食性种类的齿舌

肉食性种类的齿舌

龙宫翁戎螺的齿舌

贝壳生长的“秘密武器”——外套膜

海贝的另一大特征是具有外套膜，外套膜位于贝壳和内脏囊之间，能覆盖全部内脏囊背面。外套膜不仅保护着海贝的五脏六腑，而且负责分泌碳酸钙，帮助贝壳顺利生长。如果海贝的贝壳在生活中损坏，外套膜可以进行修复，使贝壳恢复到原来的状态。有趣的是，一些海贝的外套膜的颜色可随生活环境的不同而发生变化，有些种类的外套膜上还生长着乳状突起。

拟枣贝

货贝

护身“盔甲”——贝壳

绝大多数海贝体表都长着一枚或两枚贝壳，极少数种类有多枚贝壳。贝壳对于它们来说，就像护身的盔甲，在遭到敌人袭击的时候，只要关闭贝壳或将身体缩进贝壳里，就不会被大多数敌人伤害到了。

各种各样的足

海贝的足部常位于身体的腹面，是海贝的运动器官。

由于生活方式的不同，不同的海贝形成了不同的足。通常腹足纲海贝的足都很发达，例如，玉螺有前足和后足之分，在爬行时，后足能推动前足快速前进；鲍鱼的足是扁平状的，这让它更适于附着和爬行。

玉螺发达的足

鲍鱼的“扁平足”

蛤蜊等双壳纲海贝，它们的足像一个斧头，这让它们适于挖掘泥沙，营埋栖生活；而某些营固着生活的贝类，因不需要爬行，所以在成体时足部就退化了，如牡蛎等。

章鱼的足，就是我们常说的腕。对章鱼来说，用足抓取食物不是一件难事。

牡蛎“成年”的时候，足部就退化了

海贝的头部

贝类的头部位于身体的前端，让所有的海贝“排排坐”，就会发现有的头部很明显，有的头部则很小，有的头部则已退化。腹足纲海贝就有明显的头部，其上有吻、眼和触角等。

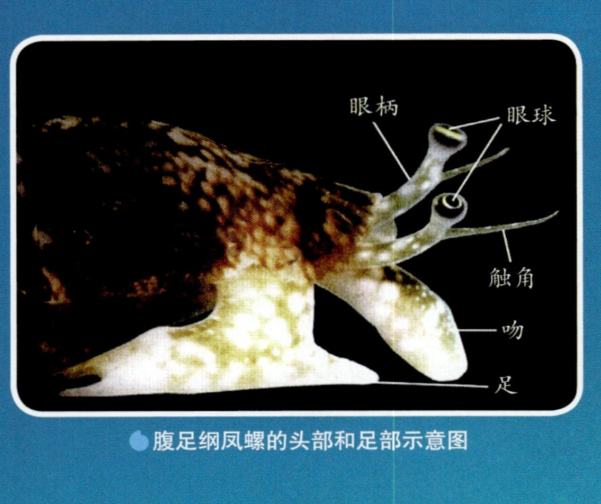

腹足纲凤螺的头部和足部示意图

大头大眼的乌贼

掘足纲海贝头部不明显，有吻，但无眼；双壳纲海贝头部消失；而头足纲海贝，如章鱼、乌贼等的头部特别发达。

到现在为止，你已经知晓了海贝的千奇百怪，也简单认识了海贝身体的各个部分，但海贝数量众多，想要更全面深入地了解这类美妙的海洋生物，就要对它们进行分类，而不同类别的海贝正是生物进化的结果，翻到下一章来了解一下海贝的进化历程与七大纲的海贝吧。

海贝的家族

在10岁的时候，我就开始对贝壳感兴趣，并着手收集标本，有关它们的每一件事情都吸引着我。我渴望知道它们的名字和生活习性，迫切想了解怎样找到并辨认它们，尤其是为什么它们彼此不同。

——海尔特·J·弗尔迈伊《贝壳的自然史》

海贝的进化史

金涛在《贝壳笔记》中写道：生物进化的执着是令人感动的。生活在海洋中的多数贝类，作为海洋生物中的弱势群体之一，是许多其他生物掠食的美味佳肴，海鸟、鱼类、海兽、蟹类等都是它的天敌。当捕食者袭来时，如果躲闪不及，孱弱温顺的贝类只能蜷缩在它的城堡里束手就擒，毫无招架之力。不过，它们却经历了海陆变迁的山崩地裂和冰河覆盖的酷寒，它们坚韧不拔地在世界各大洋安家，生息繁衍。

菊石和鹦鹉螺化石

贝类亮相

让我们先回到生命爆发的时刻。大概5亿多年前，千奇百怪的生物横空出世，海洋里热闹非凡。要知道，寒武纪生命大爆发的几百万年间，节肢动物、软体动物（贝类）、腕足动物和环节动物等几乎是大规模地、同时地、突然地出现，你无从知晓到底是谁“点燃”了这把“生命之火”。

将时间指针再向前拨动，其实在前寒武纪，大概5.7亿到5.4亿年前，贝类的祖先可能就出现了。从贝类第一次亮相开始，其生命形式的演变就走向了戏剧般的道路。基本的基因蓝图确立后，万千变化成为可能。数亿年的进化，足以让贝类的头、足等发生各种各样的变化，七大纲贝类渐渐浮出水面。

贝类家族的演化

最开始出现在进化谱系中的贝类只是龟缩在壳里的其貌不扬的小家伙，但是，这种身体结构非常有“活力”。观察一下贝类的家族成员——从慢吞吞的海螺，到动作敏捷的鱿鱼，就可以看出贝类的身体可塑性很强。

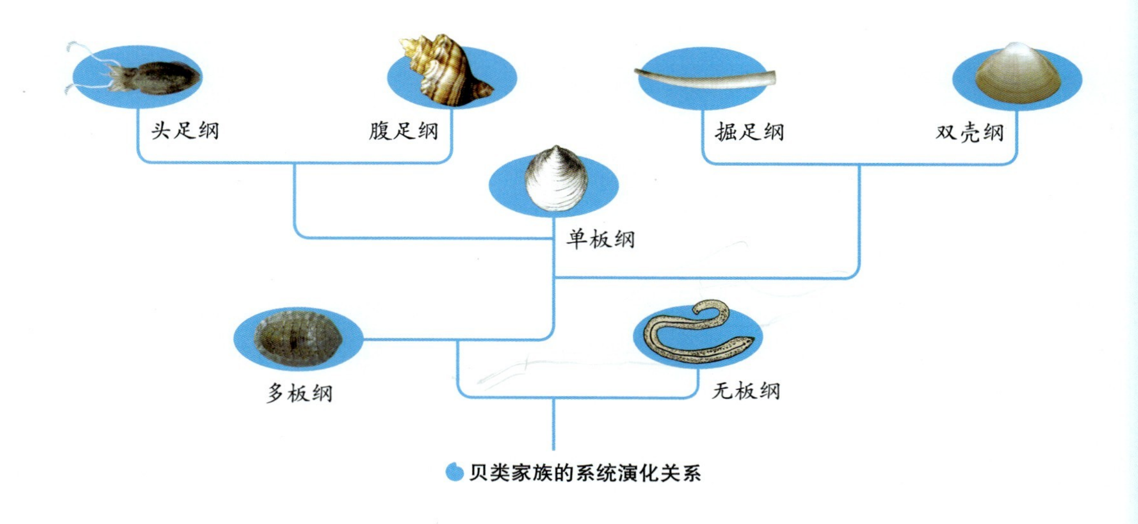

贝类家族的系统演化关系

多板纲海贝

掘足纲海贝

根据特征再结合外形的不同，目前贝类现生种（现生种一般使用在仍然存活的分类单元，和灭绝种相对应）通常被分为七个大类，它们分别是无板纲、多板纲、单板纲、腹足纲、掘足纲、双壳纲和头足纲。

海贝家族中，腹足纲、双壳纲、掘足纲与头足纲最初都具有一个壳，可能是来自原始的单板纲，而无板纲与多板纲可能在形成单板纲之前就已经“分道发展”了。

在海贝家族中，多板纲和无板纲海贝的亲缘关系比其他纲海贝都要近得多。有着斗笠形状外壳的单板纲海贝则在无板纲和多板纲海贝之后“横空出世”。单板纲海贝之后是腹足纲海贝，其腹足高度发达，头部明显，很多种类还进化出了厣（yǎn）。掘足纲海贝既有双壳纲的特征，又有腹足纲海贝的特征，介于两者之间，是中间环节的类群。在恐龙出现

头足纲海贝

之前，双壳纲海贝就已经出现，地层里的双壳纲海贝化石可以“作证”。因为较少活动，所以在进化上表现出头部的退化、感觉器官不发达等现象。

腹足纲、双壳纲、掘足纲海贝等是顺着匍匐爬行习性发展的，而头足纲海贝则是顺着游泳习性发展的，头足纲海贝的头部腹面进化出了三角状漏斗。

双壳纲海贝

看完海贝家族的进化历程和各类海贝的大致特点后该来详细了解一下它们的身体构造、体态样貌等，这要在下面慢慢讲述。

没有贝壳的无板纲海贝

有一类海贝，它没有贝壳，却也是海贝家族的一部分；它们不是虫子，却长得像蠕虫，它们就是没有贝壳的无板纲海贝。

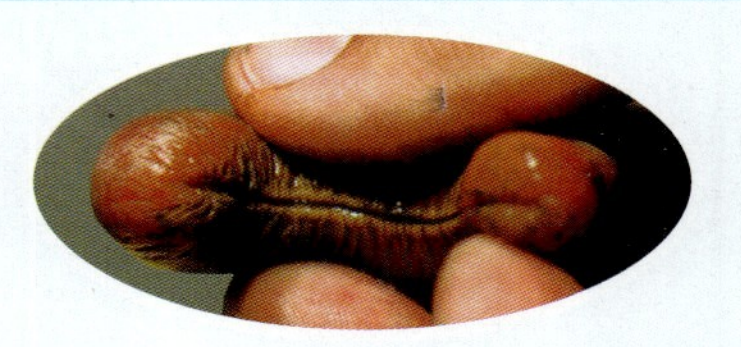

细说无板纲海贝

无板纲海贝形似蠕虫，没有贝壳，披着带有石灰质细棘的角质外皮。身体或细长，或短肥。有的无板纲海贝的长相和蚯蚓差不多，是贝类家族中原始的种类。无板纲海贝体长从几毫米的到30厘米的都有。

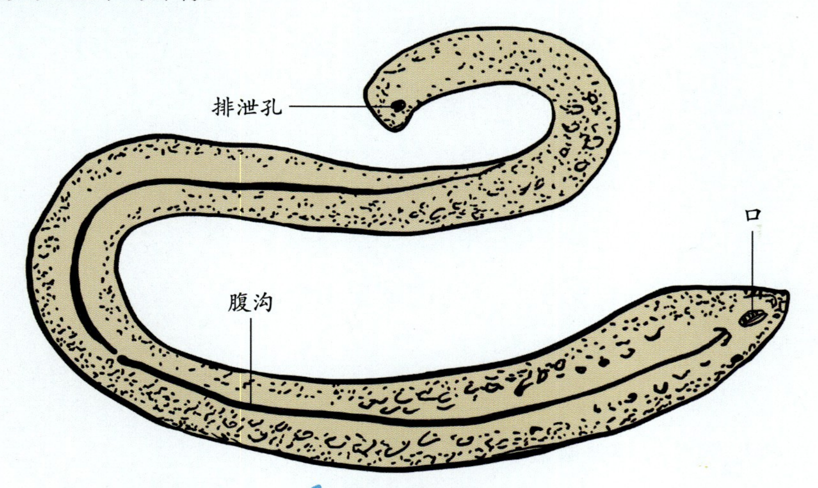

无板纲海贝结构图

无板纲海贝身体分头部、体躯部和尾部三部分。无板纲海贝，如新月贝身体的腹面中央有一条腹沟，它是由外套膜两侧向腹面卷曲形成的，所以又称为沟腹类；而毛皮贝全身披有角质带棘的外皮，头部有一明显的收缩与躯体分开，口位于头部的正前方，外套腔位于身体的尾部，又称尾腔类。

寻找无板纲海贝

在低潮线以下数十米直至水深4000米的深海海底，都可以发现无板纲海贝的踪迹，它们的分布区域遍及全球，不过要找到它们也并不容易。它们多数在软泥中穴居，少数可在珊瑚礁中爬行生活。无板纲海贝在全世界有二三百种，在我国的黄海发现了毛皮贝，在南海发现了新月贝。下图是在我国南海海域79米深处采到的澳洲新月贝和在黄海水深50米左右采到的毛皮贝。

在黄海采集到的毛皮贝

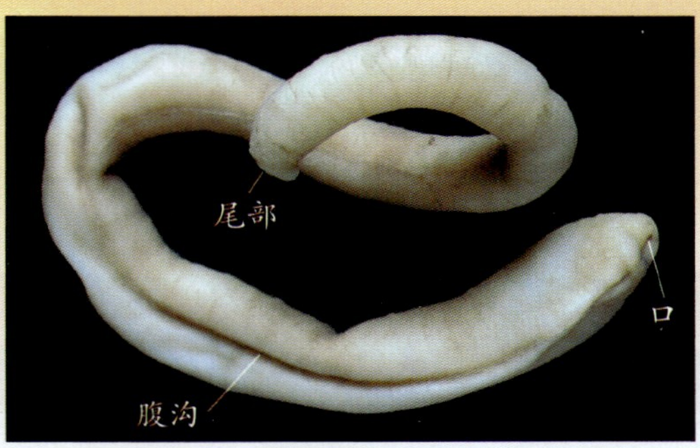

在南海采集到的澳洲新月贝

携带“骨针”的无板纲海贝

无板纲海贝身上披着带有石灰质细棘的角质外皮，这样一来，虽然没有贝壳，这些“骨针”也能够对身体起到一定程度的保护作用。

无板纲海贝也灿烂

一般来说，我们所能找到的无板纲海贝都是灰暗的、不起眼的，但是在热带地区生活的无板纲海贝却有着灿烂的颜色，这让它们在“同族”中特别出彩。

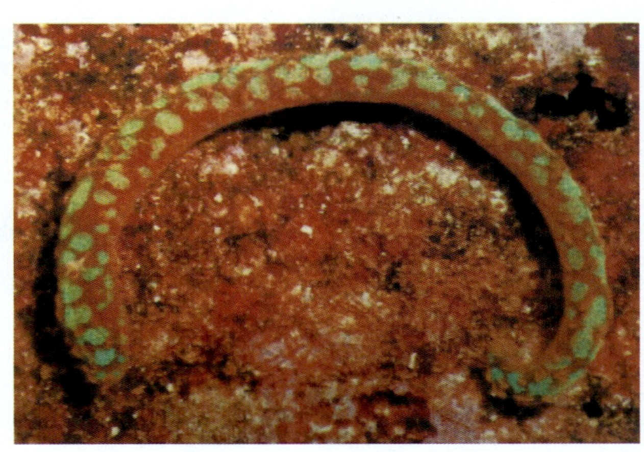

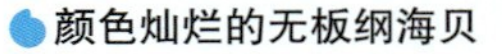

颜色灿烂的无板纲海贝

有八块壳板的多板纲海贝

当你在潮间带采集海贝时，运气够好的话会看到黑色的岩石表面粘着椭圆形或长条形的坚硬物体。潮间带的礁岩是很多海贝的家，除了一些腹足纲和双壳纲海贝会定居在上面外，这些扁扁的生灵就是第三类“房客”——多板纲海贝。

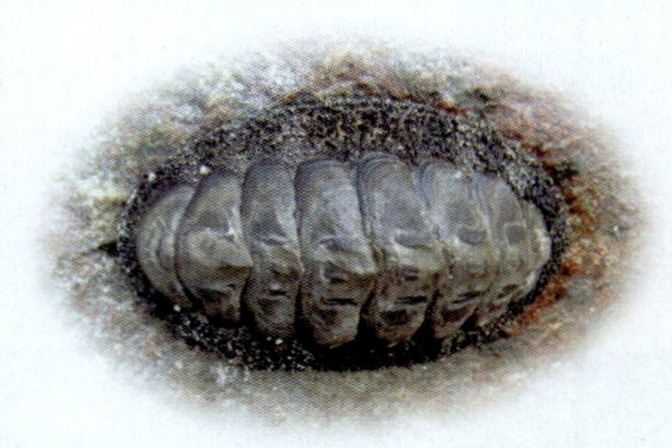

认识多板纲海贝

多板纲海贝覆有八块板，前面的一块叫头板，中间的六块叫中间板，尾部一块半月形的板叫尾板。壳片周围一圈裸露的部分为外套膜，也称环带。头部位于腹面的前方，上有一短而向下弯曲的吻，吻中央的开孔为口。足部发达，位于头部的后方，占腹面的绝大部分，肛门位于身体的后部。

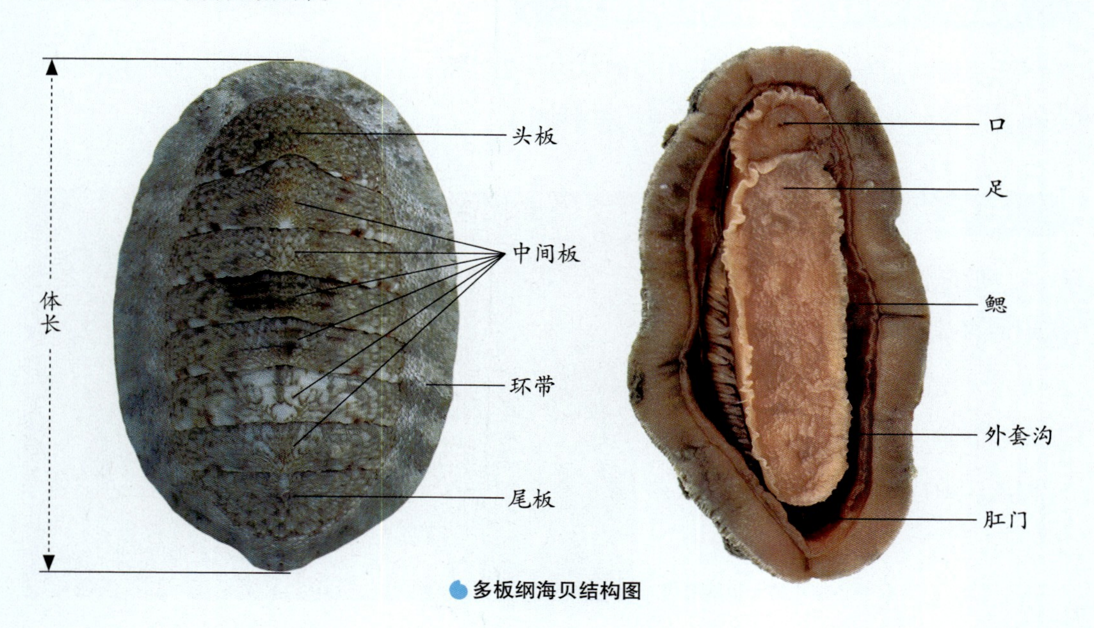

多板纲海贝结构图

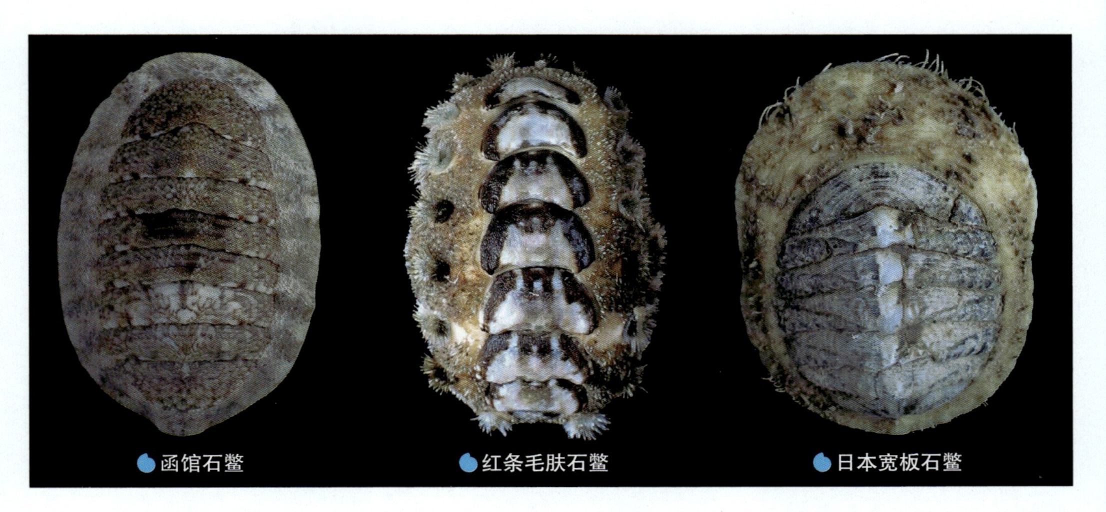

函馆石鳖　红条毛肤石鳖　日本宽板石鳖

多板纲海贝有另外一个名字——有甲纲，多板纲海贝全部生活在海水环境中，南半球种类很丰富。在潮间带，能发现多板纲海贝优然地生活着，个别种类则生活在深海中。据不完全统计，多板纲海贝在全球有600多种现生种、约350种化石种。

“铠甲”在身的多板纲海贝

你可能不知道，多板纲海贝身上的壳板不论大小，通常能找到8块（也有极少数种类有7块或9块壳板）。可能有的人会说事实不是这个样子的，我抓到的多板纲海贝就没有8块壳板。这是由于你手里的多板纲海贝的有些壳板退化得很小很小，已遮盖不住多板纲海贝本身肥硕的肉体。如果仔细观察，还是能够分辨出来8块壳板的。

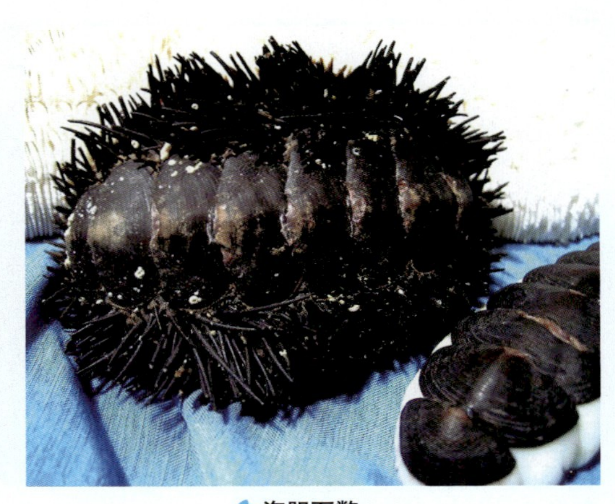

海胆石鳖

有些多板纲海贝的壳板退化得很小或完全被软体覆盖，但也有一些多板纲海贝，它们不但有包覆全身的“铠甲”，还会长出看似棘刺的东西，如海胆石鳖。其实海胆石鳖身上的刺并不是从壳板上长出来的，而是从环带上长出来的肉刺丛，这使它看上去很像一个长有棘刺的海胆，会让捕食者无从下口。

多板纲海贝平时用强健的腹足紧紧地抓住岩石表面，捕食者常常看着它坚硬的外壳而无可奈何。除此之外，多板纲海贝还有一个“绝活儿”。当它不幸脱离岩石掉落下来的时候，会把身体蜷缩起来，只把“铠甲”露在外面，多板纲海贝大概是靠着这种“能屈能伸”的本领才从白垩纪存活到现在的吧。

这么神奇的“硬身法”和“曲身术”，多板纲海贝是怎样做到的呢？原来，当受到刺激的时候，多板纲海贝会把外套沟里的水分挤压到身体外面，这样，它的身体可以牢固地附着在岩石等物体上，捕食者便会感到“无从下手”。而当多板纲海贝的足部离开岩石等附着物的时候，它的壳板就会重叠排列，使身体发生卷曲，形成球状，这样一来，捕食者就不能轻易突破壳板这道“防线”了。

礁岩上的“雨花石”

虽然在腹足纲和双壳纲海贝中不乏出众的“帅哥”和“美女”，但在礁岩上生活的腹足纲和双壳纲海贝为了保护自己，往往颜色比较暗淡、单一才便于生存，如果太鲜艳，毫无疑问会引起捕食者的注意。但对于有些鲜艳的多板纲海贝而言则不然，它们身躯扁平，很容易躲到岩石的缝隙中，腹足宽平，也很适宜在岩石表面活动，因此它们很喜爱生活在礁石较多的地区。正是由于这种特性，一些颜色鲜艳的多板纲海贝不经意间为单调的岩石带来了鲜活的色彩。瞧，多姿多彩的多板纲海贝多像“雨花石”。

像“雨花石”的多板纲海贝

“活化石”单板纲海贝

1952年，在哥斯达黎加沿岸的3570米深海处，人们采集到之前被认为已经灭绝了4亿年的新碟贝标本，这件事情轰动了动物学界，因为直到这时，人们才知道单板纲海贝并未灭绝。“活化石”一般的单板纲海贝身上藏着关于贝类起源的秘密。

古老成员

单板纲，又名新碟贝纲，是海贝中的古老成员。人们一度认为单板纲海贝已经灭绝，因为人们只在寒武纪及泥盆纪的地层中发现过它们的化石，而从未发现过生存的标本。科学技术的发展给人们提供了探索深海的机会，直到1952年，丹麦的深海考察船才在中美洲的哥斯达黎加沿岸的3570米深海处第一次采到10个活的标本。

新碟贝背部形态

新碟贝的名字是在发现它的7年以后才确定的，它长得像腹足纲海贝和多板纲海贝的结合体，身体的背部有帽状、匙状的单壳。

在此之后，人们又先后在太平洋、南大西洋以及印度洋等许多地区的2000～7000米深的海底发现了7个不同的种。这些物种的发现，无疑为探讨贝类的起源与进化关系提供了新的科学依据和研究资料。

由于单板纲海贝种类很少，且都生活在深海，所以到目前为止，在我国沿海还从未采到过单板纲海贝。

疑似“祖先”

很早之前，单板纲海贝并不在深海中生活，后来由于环境变迁，一些单板纲海贝退到深海“隐居”起来。

大多数单板纲海贝是化石种，主要发现于亚洲、欧洲、北美洲和大洋洲等地的地层中，目前发现现生种有7种，都生活在深海。在我国的单板纲海贝化石曾零星发现于西南地区的寒武纪地层中，也有少数发现于寒武纪以后的地层中。

单板纲海贝的神经系统、消化系统，鳃的位置和结构等都与多板纲海贝相似，但是它只有一个帽子一样的贝壳，有些器官有比较明显的假分节现象，所以它并不是多板纲。虽然单板纲海贝有帽状贝壳，但和腹足纲海贝没有密切关联，因为它们的爬行足、头都不明显。因此，现在许多动物学家认为单板纲海贝很可能就是现存腹足纲、双壳纲、头足纲海贝的祖先，但这一说法并未有定论。

新碟贝

靠腹足运动的腹足纲海贝

海南岛夜晚的星空是美丽的，夜色笼罩下的浅海中，一只虎斑宝贝悄悄出来觅食了。它的外套膜向外伸展将一部分贝壳包裹，它用从腹部伸出的腹足贴地“走路”，和腹足类其他兄弟姐妹一样，有着强健的腹足。

腹足纲“一族”

腹足纲海贝因足位于腹部而得名。腹足纲是贝类中种类最多的一个纲，目前在我国沿海已发现3000余种。

腹足纲海贝的贝壳由螺旋部和体螺层两部分组成，螺旋部是其内脏盘旋之所，而体螺层是容纳其头部和足部的地方。壳顶是螺旋部最上面的一层，也是海贝最早的胚壳。贝壳每螺旋一周为一个螺层，螺层的数目随种类不同而差别很大，如笋螺有20～30个螺层，而鲍科和宝贝科等海贝的螺层很少。此外，在两螺层之间有一连接线，称为缝合线，缝合线有深有浅。壳口是腹足纲海贝身体外出的开口，右旋的种类位于螺轴的右边，左旋的

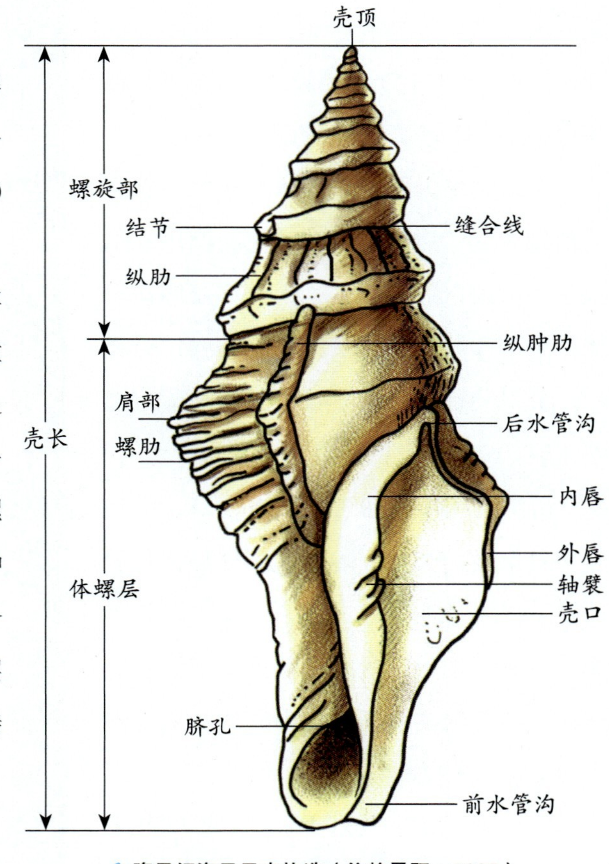

腹足纲海贝贝壳构造（仿赖景阳，2005）

种类位于螺轴的左边。壳口的内面靠壳轴的一侧为内唇，相对的一侧为外唇。脐孔是螺轴旋转时在基部遗留下来的孔，有的海贝脐孔很大很深，而有的很小或无脐孔。

多数腹足纲海贝都有一种保护器官——厣（yǎn），它位于足部的后端，有角质厣和石灰质厣之分。当海贝将软体缩入壳内时，厣会把壳口盖住，所以又被称为口盖，能起到保护海贝软体部分的作用。不同种类厣的大小和形态差别很大，通常和壳口一致，但也有一些种类的厣较小，或无厣。厣的形态是腹足纲海贝分类的依据之一。

腹足纲海贝根据其身体构造的不同又分前鳃亚纲、后鳃亚纲和肺螺亚纲。本鳃位于心室前方的海贝，称为前鳃亚纲；本鳃位于心室后方的海贝为后鳃亚纲；另有一个类群用肺囊进行呼吸，因此被称为肺螺亚纲。

前鳃亚纲海贝通常有外壳和厣，头部有一对触角。腹足纲的绝大部分种类属于前鳃亚纲，如帽贝、笠贝、鲍鱼、马蹄螺、滨螺、宝贝、骨螺、蛾螺、芋螺、塔螺等。本亚纲动物又被分为原始腹足目、中腹足目、异腹足目和新腹足目。

后鳃亚纲海贝在我国沿海已发现近500种，有的具外壳，有的外壳退化成内壳，

石灰质厣和角质厣

形态各异的前鳃亚纲海贝贝壳形态

后鳃亚纲海贝贝壳形态

有的外壳完全消失。像枣螺、捻螺、泡螺、囊螺等都还保留一个形态完美的外壳；而一些海兔类，其贝壳已退化成内壳；还有一些种类如海牛等，贝壳已完全退化消失。

肺螺亚纲又被称为肺螺类，没有鳃，以肺囊呼吸，多为陆生。海贝中仅有菊花螺、耳螺、石蟥等少数种类为肺螺亚纲，它们通常生活在潮间带高潮线附近、红树林泥岸或有淡水注入的地方。因为是用肺囊呼吸，所以它们可以长时间暴露在空气中。

肺螺亚纲海贝贝壳形态

用肺囊呼吸的菊花螺

“千变”的腹足纲海贝

有时人们会把一些海产贝类叫作海螺，人们所说的海螺往往指的就是腹足纲海贝。人类食用海螺已经有数千年的历史，在一些海边城镇，凤螺、玉螺和红螺等腹足纲海贝是餐桌上的常客，它们构成了人们对海螺最初的认识——螺旋塔状的石灰质外壳和螺壳内展开的柔软躯体。

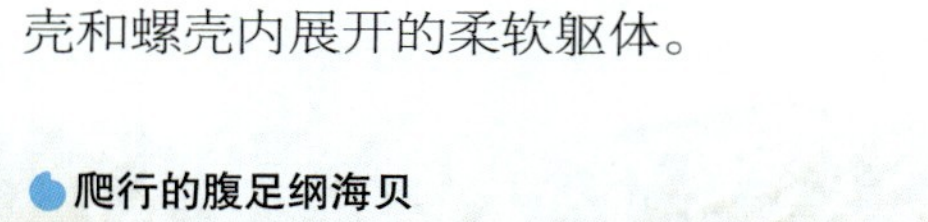

腹足纲海贝壳

爬行的腹足纲海贝

千姿百态的腹足纲海贝贝壳形态

腹足纲海贝历经上亿年的进化，已经演化出远超人们想象、千变万化的外形。腹足纲作为贝类中最大的一纲，也是贝类中最繁盛的一族，你可能想象不到此纲海贝的模样有多么千奇百怪。有的海贝呈卵形，在生长过程中螺旋部消失；有的海贝螺层很多，呈锥形；有的海贝呈耳形、斗笠形；还有的呈不规则的扭曲形等。如虎斑宝贝，它的外观呈卵形，腹部有一个锯齿状的裂缝，它的贝壳为什么不是螺旋塔状的呢？事实上，如果你从贝壳的两端细心观察，便可以看到其中一端会显出螺旋圈的样子，它就是螺旋部。如果有机会能观察到虎斑宝贝的生长情况，你会发现年幼时的虎斑宝贝也背着一个螺旋的“宝塔”呢！

骨螺的贝壳上长出了几排又长又尖锐的棘刺用于保护自己，如果它没有了棘刺，又会是什么样子的呢？——瘦瘦高高的螺旋塔状贝壳和细长的水管沟就会显露无遗。

鲍鱼作为中国饮食文化中的珍贵食材常常被赋予特殊的意义，有人可能会说——它好像不具备螺旋状的贝壳！请把鲍鱼壳平放在桌上，正对着背面俯视，是不是可以看到它有一个低平的螺旋部。另外，鲍鱼壳的侧面有一列小孔，前缘的数个是开着的，其余的是闭塞的，不同种类鲍鱼的开孔数量是不一样的。

骨螺

刺壳螺

刺壳螺是一种很特殊的腹足纲海贝，它的螺旋状外形并不难看到。但请你比较一下它和之前介绍的其他腹足纲海贝的螺塔有什么区别。没错，它的螺塔之间不是紧密结合在一起的，这使它看上去很像一条盘卷的管子或蚯蚓。

梭螺一般体型很小，多呈梭形或卵形，通常它们的贝壳会被外套膜包裹得严严实实的，使得从远处看就像一个枝状的物体，因此白天它们能安全地躲在珊瑚的枝条上而不被捕食者发现。从开口处俯视梭螺，也可以看见其内部螺旋状的结构。

除了这些拥有奇特螺旋状外壳的代表性物种外，腹足纲还有一些不具备这种外壳的海贝，如帽贝。帽贝和菊花螺看上去贝壳近似，都是斗笠状的，但是它们之间最大的区别是菊花螺用肺囊呼吸，而帽贝用鳃呼吸，属于原始腹足目的种类。

梭螺

钝梭螺

帽贝贝壳形态

还有一类更为奇特，其保护软体的外壳退化，它们靠拟态、警告色或是毒素来保护自己，这就是腹足纲里的后鳃类海贝。它们用色彩装点自己，这点和它们带壳的亲戚们大不相同。

外壳退化的海贝

适应性强的腹足纲海贝

腹足纲海贝对环境的适应能力极强，分布范围很广，从热带海洋到寒冷的极地，从海边的沙滩岩礁到数千米的幽暗深海都能找到它们生活的足迹。

食性广泛的腹足纲海贝

腹足纲海贝的食性也很广泛，有食肉者，也有食素者。它们中有些以海洋中的藻类为食，有些以有孔虫、棘皮动物、珊瑚虫和小的甲壳动物等为食，也有些以死去的动物为食，更有甚者可以主动捕食其他软体动物甚至是游动的鱼。

腹足纲唐冠螺的贝壳

象牙状的掘足纲海贝

海洋是一个巨大的生态系统，海洋里的每一处都是一个小小的生态系统。就在你深一脚浅一脚踩着沙滩赶海的时候，可曾想过脚底下就躲着数也数不清的海洋生物，这其中就可能包含掘足纲海贝。

给掘足纲海贝“画像”

掘足纲家族有一些典型特征，比如它们的贝壳形状和其他家族的贝壳形状都不一样，像象牙一样；它们的足很发达，像圆柱一样。

掘足纲海贝的贝壳呈管状，稍弓曲，形似牛角或象牙，故有“象牙贝”之称。贝壳通常前端较粗，向后逐渐变细，前端为壳口，头和足部可从前端伸出；后端的开口为肛门孔。贝壳的凹面为背面，凸面为腹面；贝壳表面光滑或具纵肋和环纹；壳顶部具缺刻、裂缝等。

掘足纲海贝头部很不明显，只是在身体前端背面有一个能够伸缩的吻。吻的前端有口，口里有齿舌。在吻的两侧有两个突起，突起的后方左、右两侧各有一个触角叶。触角叶的边缘上生长着很多头丝。不要小看这些头丝，它们的伸缩力很强，可以四散开来，深入沙土和淤泥，末端能膨大，可以用来感觉外界环境和捕捉食物。

掘足纲海贝形态示意图

穴居的“象牙”

掘足纲的家族成员全部在海底的泥沙中穴居，全世界约500种，在我国已发现50余种。掘足纲海贝一般以动物性食物为食料，常捕捉小的原生动物等来吃。

掘足纲海贝的足是圆柱形的，这让它更适合于在泥沙中钻穴活动，仔细观察你会发现，在其上端有一圈褶叶，这是为了增加附着力。运动时，靠着足的收缩与附着，掘足纲海贝就能拖引身体向下潜入泥沙。有的海贝的足的末端还会延伸形成盘状，这样一来，海贝附着得更加牢固。

“沙中几何”

虽然掘足纲海贝和腹足纲海贝比起来称不上出色的“建筑师”，和双壳纲海贝比起来也没有明显的经济价值，但没有哪种海贝的贝壳能像掘足纲海贝这样近几何形状了。为什么这么说呢？把每种掘足纲海贝放在

大缝角贝和象牙光角贝

掘足纲海贝贝壳的前端

手里看，可以发现它们都呈单调的弧形，可是当你对着它们的前端开口观察的时候，就会发现一个不一样的世界。

如果你拿起掘足纲海贝的贝壳，用它们的前端在泥沙上“盖个章”，多种多样的几何图形就会“跃然沙上”。

掘足纲海贝也有美丽的代表

掘足纲海贝贝壳的色彩通常非常单调，除了白色就是灰色、灰白色，偶尔能见到黄色和绿色，但颜色都很暗淡，这与其喜欢深埋在泥沙中的习性不无关系。掘足纲海贝家族中也有美丽的物种——美丽角贝。

自然界奥妙无穷，高调的美人人都能看见，低调的美呢，有时需要一双善于发现的眼睛。

美丽角贝

有两片贝壳的双壳纲海贝

热带海域的珊瑚礁是许多海洋生物的乐园，海洋生物在享受丰沛阳光和充足食物的同时，还得小心翼翼地不让自己成为其他生物的食物。看！此时正有一只海星对着不远处的扇贝虎视眈眈，扇贝的鲜美不是只有我们喜欢，对于海星来说，扇贝也是难得的美味。海星要想捕捉扇贝也并非易事，平时看似行动迟缓的扇贝在关键时刻会迅速作出反应——游泳逃跑。

无头？斧足？瓣鳃？

双壳纲因有两枚抱合的贝壳而得名；因鳃呈瓣状，又称瓣鳃纲；足位于躯体的腹侧，呈斧状，也称斧足纲。双壳纲是贝类中种类数量仅次于腹足纲的第二大纲。目前，在我国沿海已发现1200余种。双壳纲海贝是一个经济价值很高的类群，在我国已开展人工养殖的种类中，绝大多数为双壳纲海贝，如蚶类、贻贝、牡蛎、扇贝、蛏和蛤类等均为重要的经济贝类。

双壳纲海贝身体左右扁平，两侧对称，两壳相等或不等。身体由躯干部、足和外套膜组成，头部退化。壳顶通常位于背缘前面或中央，表面常有同心生长纹和放射肋等，并具有多种花纹。

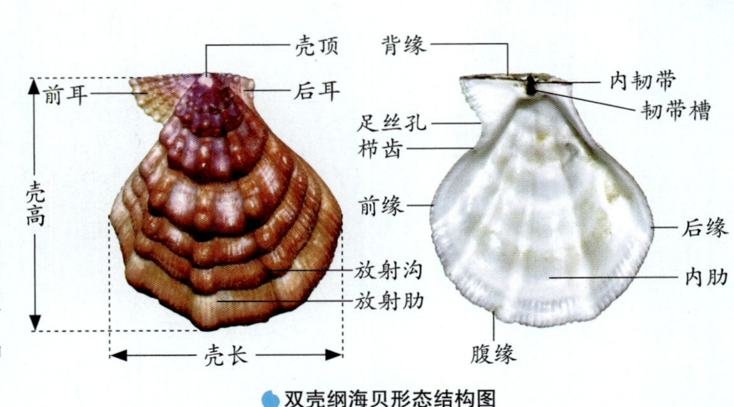

双壳纲海贝形态结构图

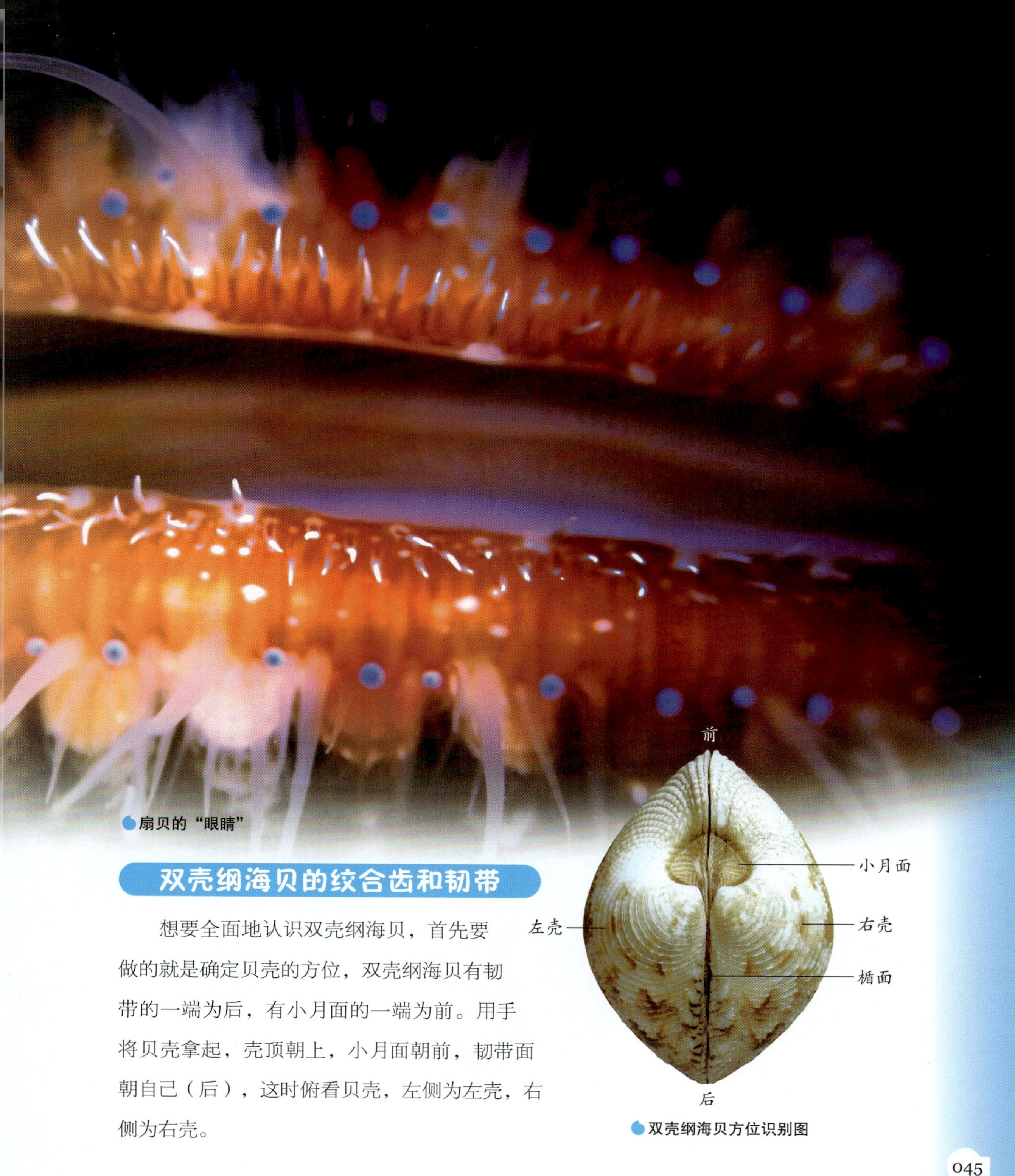

扇贝的“眼睛”

双壳纲海贝的绞合齿和韧带

想要全面地认识双壳纲海贝，首先要做的就是确定贝壳的方位，双壳纲海贝有韧带的一端为后，有小月面的一端为前。用手将贝壳拿起，壳顶朝上，小月面朝前，韧带面朝自己（后），这时俯看贝壳，左侧为左壳，右侧为右壳。

双壳纲海贝方位识别图

弄清楚了左、右壳，我们再来看看双壳纲海贝的另一个重要部分——铰合部。双壳纲海贝的铰合部位于背部壳顶之下，由铰合齿和韧带组成。

铰合齿就像一些小牙齿，齿和齿槽在一定位置上可铰和在一起。不同种的双壳纲海贝其铰合齿的形状和排列方式是不同的，但同一种类铰合齿是一样的，所以铰合齿的形态是鉴定双壳纲种类的重要依据之一。例如，有些双壳纲海贝的铰合齿是一列小齿，它们大小一致，数目较多，这样的齿型叫“列齿型”或“多齿型”，像蚶、胡桃蛤等；有些双壳纲海贝的铰合齿由几个在韧带槽两侧对称排列的齿组成，称为“等齿型”，比如海菊蛤；也有一些双壳纲海贝，如贻贝，只有在壳顶处有几枚细弱的小齿，因为“细弱”，所以这样的齿型常称为“弱齿型”；还有一些如满月蛤科的物种铰合部无齿，所以这样的就叫作“无齿型”；当然了，大多数双壳纲海贝的铰合齿是另外一种类型，叫作“异齿型”，其铰合齿是由壳顶下方的主齿和位于壳前后背缘的侧齿构成，文蛤、青蛤等都属于这一类。

双纹蚶的铰合齿属于列齿型

短文蛤的齿属于异齿型

奇异指纹蛤的铰合齿属于多齿型

满月无齿蛤正如它的名字，没有铰合齿

外韧带

除了铰合齿，几乎所有双壳纲海贝的贝壳都是由韧带连接在一起的。韧带是一种富有弹性的角质结构，位于壳顶的后侧。韧带和铰合齿一样，也有不同类型，一般分为内韧带（如北海道扇贝）、外韧带（如毛蚶）和内外韧带（如西施舌、蛤蜊），内韧带和内外韧带的类型往往从壳体外就能观察出韧带的位置和大致的样子，但内韧带类型有时不能从贝壳外部看出来，不过没关系，因为内韧带一般就在壳顶内部，位于铰合部中央的韧带槽

西施舌内外韧带

毛蚶的韧带是外韧带

北海道扇贝的韧带是内韧带

炒熟后的菲律宾蛤仔（花蛤）张开了口，但两壳还连在一起，这和韧带有关

内，如果打开贝壳，便可看得一清二楚了。双壳纲海贝死亡后，闭壳肌失去收缩作用，仅有韧带类似弹簧般的作用，所以两瓣贝壳会自行张开，这就是为什么菲律宾蛤仔（花蛤）炒熟后它们都会一个个张开口。

生活范围广的双壳纲海贝

双壳纲海贝是软体动物中生活范围最广的类群之一，从热带地区到极地的严寒海域，从潮间带至6000米的深海都有分布。

双壳纲海贝中的“隐士”

你可能会认为大海越深，海贝会越多，越靠近岸边，就会越少。恰恰相反，大多数海贝更愿意生活在水深100米以内的海域，真正的深海永远只属于个别“隐士”，因为深海更寒冷，食物更稀少。科学家在世界上最深的马里亚纳海沟附近，发现了一种生活在海底热液喷口附近的双壳纲海贝，这为我们研究海贝提供了新的样本。

双壳贝的冷暖色调

热带地区的双壳纲海贝其壳通常鲜艳明快。有的双壳纲海贝，如扇贝，在外套缘上长有许多小触手，并生有一个个的小点，看上去像草莓上的籽，其实那是扇贝的“眼睛”。它们警惕地观察着周围的环境，一旦发现异常情况，就会紧紧地关闭双壳。

温寒带地区的双壳贝虽然也有色彩，但多暗淡，即使是红黄色也往往偏暗，这和它们所处的环境不无关系，我们常见的贻贝就是其中的代表。

颜色暗淡的贻贝

颜色鲜艳的艳美扇贝

扇贝的“眼睛”，即外套眼

贝藏珍珠

虽然我们都很喜欢珍珠，可是对于贝类而言珍珠无异于其体内的结石。如果一粒小小的沙砾不小心落入，或者一只寄生虫悄悄地钻进海贝柔软的身体内，海贝别无他法，只能分泌出珍珠质把这些恼人的东西包裹起来，不停地包啊包，最终将令其烦恼之物变成人见人爱的珍珠。

并不是所有的海贝都能产珍珠，优质的珍珠一般来自珍珠贝，珍珠贝的种类有很多，大珠母贝、马氏珠母贝、珍珠贝、企鹅珍珠贝等都属于珍珠贝科。

最长寿的动物是双壳纲海贝？

在你的印象里，最长寿的动物是什么？你的答案可能是海龟。据《世界吉尼斯纪录大全》记载，海龟的寿命最长可达152年，是动物中的老寿星。可是，世界上最长寿的动物并不是海龟，而是一种双壳纲海贝。2013年11月，科学家认定一只名为“明”的北极蛤寿命为507年，是当时已知最长寿的动物。

聪明的头足纲海贝

如果请你列举几种聪明的海洋生物，你可能会想到海豚等海洋哺乳动物。它们进化到了动物的“高级阶段”，确实很聪明。经过上亿年进化的头足纲海贝虽然并不在“高级动物”的行列中，但它们的生存智慧也会出乎你的意料，可以跻身聪明的海洋生物前几名！

头足纲海贝

头足纲海贝（鹦鹉螺除外）的身体左右对称，分头部、足部和胴部。头部略呈球状，与足部和胴部相接。足部的一部分特化为腕，环列于前部和口周围，腕的数目为10条或8条（其中，章鱼8条腕，乌贼10条腕，乌贼的10条腕中有2条很长的触腕）。足的另一部分特化成漏斗，贴附于头部与胴部之间的腹面。胴部有圆锥形、圆筒形或卵形等，表面有色素斑。

章鱼

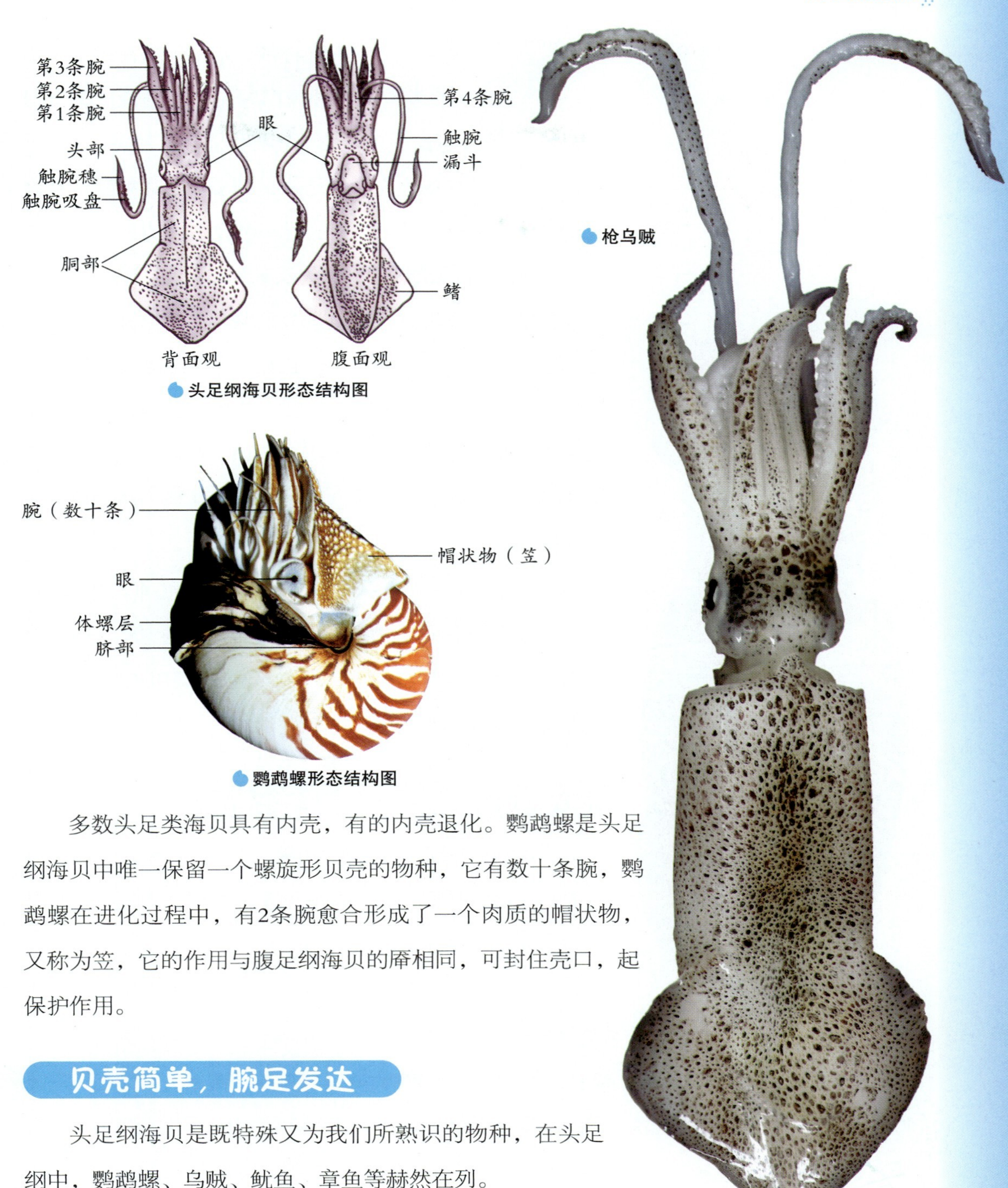

头足纲海贝形态结构图

鹦鹉螺形态结构图

枪乌贼

多数头足类海贝具有内壳，有的内壳退化。鹦鹉螺是头足纲海贝中唯一保留一个螺旋形贝壳的物种，它有数十条腕，鹦鹉螺在进化过程中，有2条腕愈合形成了一个肉质的帽状物，又称为笠，它的作用与腹足纲海贝的厣相同，可封住壳口，起保护作用。

贝壳简单，腕足发达

头足纲海贝是既特殊又为我们所熟识的物种，在头足纲中，鹦鹉螺、乌贼、鱿鱼、章鱼等赫然在列。

乌贼

之所以说它特殊，是因为头足纲海贝中的多数成员外壳已经退化成内壳或完全退化，只有个别原始种类才具有外壳。虽然不具备外壳，但是头足纲海贝与之前我们在腹足纲海贝中提到的另一种没有外壳的海贝——海兔有很大的区别，因为头足纲海贝在头部长有发达的腕足，形成头足，这也是头足纲名字的由来。其次，头足纲海贝拥有极强的运动能力，可算是海贝家族中的“运动健将”，大概是这种自由游泳的生活方式，让原来作为保护软体用的贝壳派不上用场，在长期的进化过程中，它们的贝壳逐渐被外套膜包围，最后退化成一块角质或石灰质的骨板了。

灵巧的腕足放射状地生长在头部，它们“张牙舞爪”，娴熟地捕获猎物。一旦猎物落入它们“手”中，就会被送到头足纲独有的喙状口中。这喙状口非常厉害，能轻而易举地将猎物“撕碎”。

曾经的地球“统治者”

头足纲海贝现生种约有780种，主要是乌贼、章鱼、鱿鱼等。在远古时期，头足纲海贝繁荣昌盛，称雄一时，目前发现的化石种就达1万种以上了。

时间回转，倒流到距今5.1亿～4.38亿年的奥陶纪——海洋无脊物动物全盛时期。当时在广阔的海洋中，生活着大量无脊椎动物，鹦鹉螺由于其独特的身体构造、坚固的外壳成为远古海洋中的“潜艇”。它们所向披靡，是那个时期海洋中十分凶猛的肉食性动物，而现存的鹦鹉螺则比那时的鹦鹉螺小得多，也温和得多。

鹦鹉螺

鹦鹉螺是曾经的海洋霸主之一，如今只有6种鹦鹉螺漂荡在浩瀚的海洋之中，但它们依旧是幸运的，头足纲海贝中的菊石、箭石、角石等物种则再也见不到现在的阳光，人们只能在发掘的化石中一窥菊石、箭石、角石等物种当年的荣光。

菊石

最聪明的海贝

科学家们发现章鱼会利用足部打开瓶盖，把里面的蟹肉拿出来吃。如果你扔一个空瓶子给它，聪明的章鱼竟也懂得不白费力气去开瓶。

钻进贝壳的章鱼

钻进椰子壳的章鱼

章鱼比我们想象中还要聪明，比如它找到牡蛎以后，就在一旁耐心地等待，在牡蛎开口的一刹那，章鱼就赶快把石头扔进去，使牡蛎的两扇贝壳无法闭合，然后章鱼就乘机把牡蛎的肉吃掉，自己钻进牡蛎壳里安家。还有一个例子，在印度尼西亚海域里，澳大利亚科学家拍摄到过章鱼收集椰子壳做盔甲，它们从海底拾起人类丢弃的半球形椰壳。如果它找到两半椰子壳，章鱼就会把自己包在椰子壳里。是不是很神奇？

一旦自己无处藏身，章鱼还会利用腕足巧妙地移动石头，自力更生地建造“住宅”。它们会把石头、贝壳和蟹甲堆砌成火山喷口似的巢窝，以便隐居其中。章鱼在面对敌人时，常常借助石头保护自己。有时它将一块大石头作为盾牌，置于自己面前，一有风吹草动，就把石盾推向敌害来袭的一侧。当它退却时，也会用这石盾断后。

以章鱼为代表的头足纲海贝为什么这么聪明？要寻找答案，应从它们发达的头部开始探索。头足纲海贝的脑中有发达的神经系统，它们的脑容量也超过任何一种无脊椎动物。

就拿章鱼来说，其大脑中约有5亿个神经元，而且有两个记忆系统，可以分别存储短暂和长期的记忆，因此有相当的观察学习能力。研究发现，章鱼甚至会分辨颜色和形状，大概相当于2岁的小孩智商！除了发达的大脑，头足纲海贝的“聪明劲儿”还要靠自己的眼睛，通过它可以获取外界信息。除此之外，它们的触腕还拥有灵敏的感受器，可以辨别水中不同的化学物质。

聪明的章鱼

头足纲海贝的拟态

你知道拟态吗？这是动物根据周围的环境改变自己的“装扮”来逃过天敌或捕获猎物的一种方法。头足纲海贝中的乌贼和章鱼能够根据环境的情况像变色龙一样改变自身的颜色。尤其是章鱼，它的变色能力了得，可以变得如同一块覆盖着藻类的石头，也可以把自己伪装成一束珊瑚，有时又能把自己装扮成一堆砾石。有些章鱼甚至能迅速拟态成有毒的海蛇、狮子鱼及水母等以恫吓捕食者。

在印度尼西亚热带海域曾经拍摄到一种章鱼，在面对危险时，这种章鱼会把8条腕中的6条向上弯曲折叠，做出椰壳的模样，而剩余的2条腕就会站在海底，偷偷地向后挪动，像会漂动的小椰子，以倒退跨步走的方式逃跑，姿势很是滑稽。

乌贼也会伪装

海贝成长记

在海边捡起这一枚贝壳的时候，里面曾经居住过的小小的、柔软的肉体早已死去，在阳光、砂粒和海浪的淘洗之下，贝壳中生命所留下来的痕迹已经完全消失了。但是，为了这样一个短暂和细小的生命，为了这样一个脆弱和卑微的生命，上苍给它制作出来的居所却有多精致、多仔细和一丝不苟啊！

——席慕蓉《贝壳》

海贝的诞生

海贝虽然形态各异，色彩多样，但它们不是生来如此。海贝的成长过程如同“破茧成蝶”，是一个岁月雕琢、美丽蜕变的故事。

有趣的海贝“父母”

不同类型的海贝，繁殖方式也不尽相同。海贝一般为雌雄异体，也就是说海贝爸爸和海贝妈妈必须互相遇见才能生下小海贝；而双壳纲和腹足纲海贝中有些种类是雌雄同体的。有意思的是有些海贝种类如某些牡蛎、贻贝等甚至可以发生性别转变。

海贝妈妈产卵记

海贝一般是卵生或者卵胎生的，海贝妈妈在受精后往往会找一个安全的场所如礁石缝隙产卵，有些种类（如宝贝）甚至会守护着受精卵直至孵化。产卵时，有的是成粒分散产出；有的则是将卵包在卵鞘里，然后将许多卵鞘粘连在一起形成卵群。

一些将卵产在水中受精孵化的种类，产卵量特别高，如有的牡蛎一次产卵可达几千万甚至上亿粒。鲍鱼在产卵方面也是以多取胜的代表，一次产卵可达10万粒以上。

并不是所有海贝妈妈都在“超生游击队”中，往往越“尽职”的妈妈，产卵越少，如有种湾锦蛤能把卵产在几丁质囊中挂在身后，并对这个“育儿袋”呵护备至，虽然它一次产卵仅有20～70粒，但孵化率并不低。

海贝的卵

小海贝的“摇篮”

海贝妈妈为小海贝“准备”了漂亮的“摇篮”——卵鞘，比如红螺的卵鞘呈花瓣状，连接在一起很像菊花；乌贼的卵则包在一个“圆形胶囊”里，连在一起像一串葡萄。

卵鞘

小海贝破“壳”而出

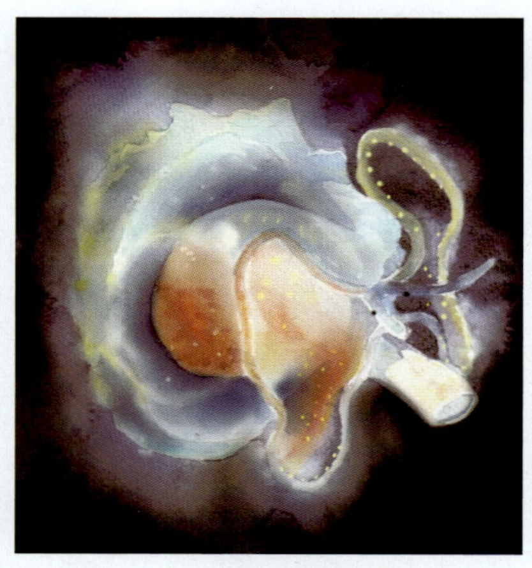

面盘幼虫期的小海贝

一粒成熟的受精卵，表面覆盖着一层薄的卵膜，分裂前卵膜消失，此时的海贝完全没有显现出父母的外貌，它们要经过卵裂期、囊胚期、原肠胚期、担轮幼虫期，最后发育为面盘幼虫，之后开始浮游幼体发育阶段，然后才会变成我们所熟悉的成体，这个过程我们称之为胚胎发育。

贝类的卵的孵化过程有快有慢，对一些双壳纲和原始腹足纲海贝来说，24小时内小海贝就会破“壳”而出，而有的腹足纲海贝如脉红螺，大约第6天才能进入担轮幼虫期。此时小海贝光溜溜的没有壳保护，体外有两圈纤毛，这就是它担轮幼虫期的模样。

在担轮幼虫期之后，小海贝很快就会长出两个甚至多个膜状物，代替纤毛环来游泳。这个膜状物被称作面盘，所以这一幼虫时期也被称作面盘幼虫期。

这时候的小海贝还是没有贝壳的保护，看上去就像一个透明的小章鱼，但是在面盘幼虫期的末期，它的外套膜就开始发育并分泌钙质形成贝壳，像翅膀一样的面盘最终也会消失，此时幼小的海贝就会找个安全的地方，开始自由生活。这个过程无论对于腹足纲海贝还是双壳纲海贝都是不可缺少的。值得注意的是，头足纲海贝如章鱼、乌贼等在“小时候”是没有这段时期的。

绝大多数贝类在完成胚胎发育阶段后，释放出浮游幼体，进入浮游期。不同物种的浮游期有长有短，通过浮游幼体发育阶段后，长成稚贝，便结束浮游生活，降落在合适的生活环境中，开始底栖生活。

脉红螺稚贝（图片由张涛提供）

小海贝有了"贝壳房子"

等小海贝长出钙质贝壳的时候，就开始"自造房屋"了。它们依靠坚固的外壳保护自己，抵御外界侵袭。虽然贝壳"房子"提供了保护，但问题也会随之产生，坚硬的外壳虽

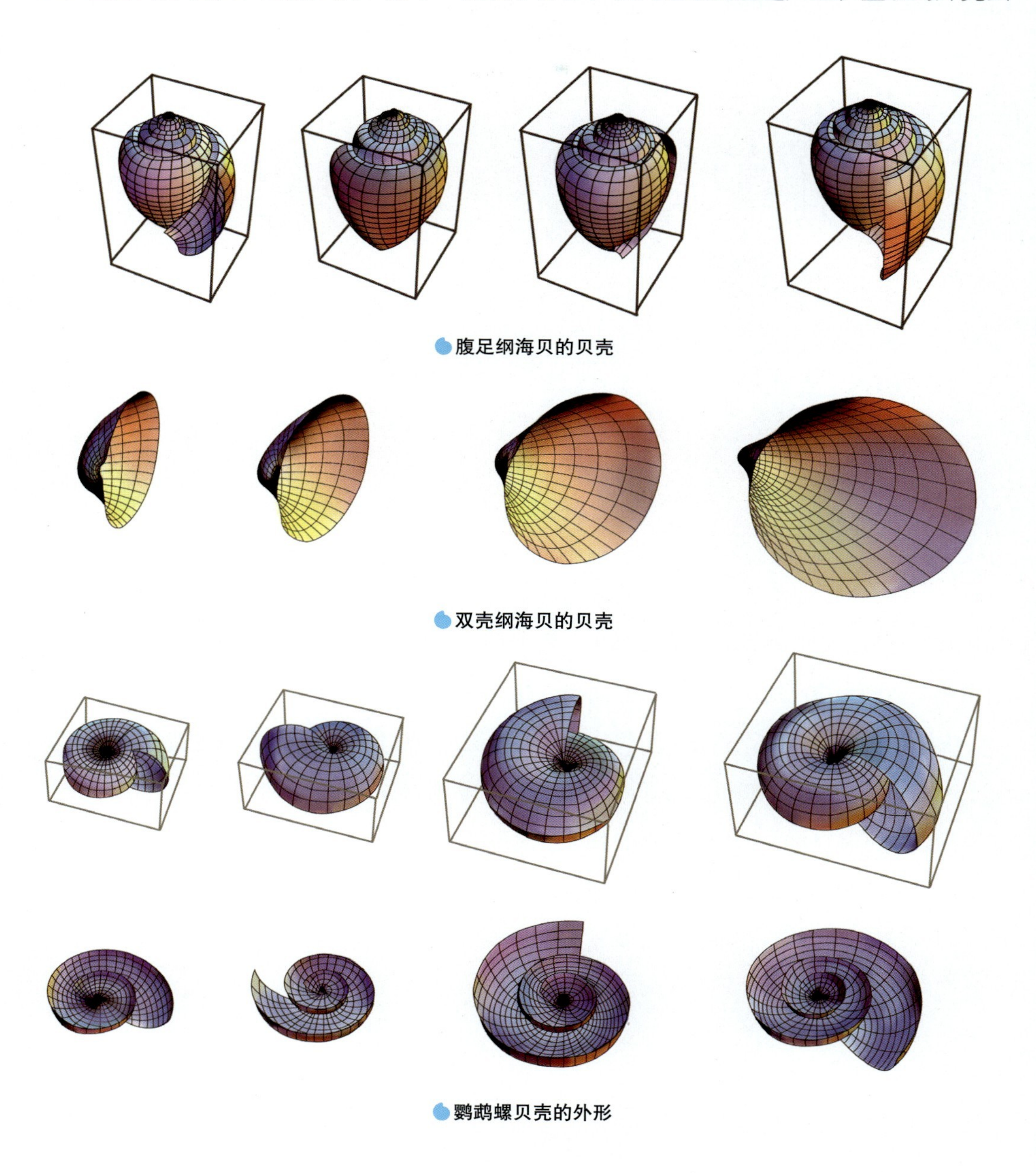

腹足纲海贝的贝壳

双壳纲海贝的贝壳

鹦鹉螺贝壳的外形

挡住了捕食者，但其活动空间越来越少。海贝是天才的建筑师，一些海贝巧妙地将空间构造出螺旋结构为自己提供更多活动空间和生存空间。

在建造“房屋”时，双壳纲海贝是朴素的建筑工，它们一圈圈扩展着建造“房屋”。

海贝贝壳螺旋走向的角度不同，种类就可能不同。如果贝壳不在竖直方向上螺旋生长，而是扁平着盘旋，瞧！鹦鹉螺的外形就出来了。

海贝是高超的建筑师，关于海贝造“房子”的秘密，我们所见也才是冰山一角，贝壳的生长、螺旋的形成、花纹的长成都是自然之手的产物，等你翻到海贝建筑师这一章，更多的秘密才会呈现出来。

海贝生活记录

海贝经幼虫阶段后，就开始了各具特点的生活，有附着的、埋栖的、固着的、凿穴的、浮游的、游泳的，甚至还有寄生的，每种海贝都有自己独特的生活方式。

海贝也游泳

绝大多数的海洋贝类因为运动能力较弱，通常会在海床上生活。真正有游泳能力的首推头足纲海贝，尤其是乌贼，它游起来的速度可能比行驶在高速公路上的汽车还快。

海贝里的“漂浮家”

海蜗牛的外观与其他海螺相比别无二致，但它却过着另一种生活——在海面上“流浪”。它的漂浮生活依靠的是贝壳上方的浮囊。它的壳极薄，也让它更适合这种漂浮生活。

海蜗牛

附着吧，海贝

多板纲的石鳖和鲍鱼是附着（吸附）型海贝，它们依靠强健的腹足牢牢地吸附在岩石表面生活，一旦发现危险，巴掌大的鲍鱼的腹足吸力相当大，即使将它的外壳打碎，它还是会牢牢吸附在岩石上。

鲍鱼腹足的吸附能力强大

营埋栖生活的双壳纲海贝

埋栖者

很多双壳纲和掘足纲海贝由于防御手段有限，喜欢把自己埋栖在泥沙或沙砾下面，让捕食者无从发现。蛏子、文蛤、蛤蜊等就是这样生活的代表。

爬行呀，是我们的生活

腹足纲海贝的“小伙伴们”足部非常发达，像蟹守螺这样的海贝就“乐意”匍匐前进，它们的壳口向下，倒卧而行。

蟹守螺

“寄宿贝”

有一类海贝早就丧失了主动捕食的能力，因此只能寄生在其他海洋动物体表或体内生活。例如，光螺就喜欢寄生在海星的腕沟槽中，内壳螺则喜欢寄生在锚海参的食道内。

海贝中的“开凿师”

有一类海贝喜欢把自己深深地埋在岩石或木头中，比如海笋、船蛆。船蛆名字里虽然有个“蛆”字，但其实它和蛆没什么关系，而是双壳纲海贝。它们会挖凿木材，以将自己深深地埋入木材里。

固着的“宅一族”

有一些海贝选择用足丝将自己固定在礁岩或其他坚硬的物体上，一旦固着到某地，它们一生都会在这个地方度过。固着型生活的贝类常见的有蛇螺、牡蛎、海菊蛤等。

牡蛎

固着在礁石上的牡蛎

营固着生活的蛇螺

依存共生

有些海贝和其他生物相依相生，共同生活，我们之前提到过的砗磲和虫黄藻就是代表。

看，这些海贝生存能力一点也不差。为了生存，它们以各自的方式适应着自然。

砗磲和虫黄藻

食物快来，敌人走开

大自然中所有的生物一环扣一环，组成了复杂但相对稳定的食物链，进而形成食物网，海贝也不例外，它们有自己的食物，也有自己的天敌。在猎者对猎物无休止的追击中，在藏龙卧虎的自然界，海贝有自己独特的位置。

食物，食物，你快来

海贝的生活方式多种多样，这意味着它们的食物种类也非常丰富，有“无肉不欢”的肉食性种类，也有“口味清淡”的“素食主义者”，还有像讨厌的蚊子那样靠吸血为生的贝类，也有“不挑食”的杂食性贝类，甚至还有靠吃动物尸体为生的贝类。

肉食性贝类中除运动能力很强的头足纲会捕捉鱼类外，动作缓慢的腹足纲海贝中也有会捕食鱼类的，如大名鼎鼎的芋螺，俗称鸡心螺。当然并不是所有的芋螺都能捕鱼，仅某些大型种类，如织锦芋螺和地纹芋螺便是“捕鱼好手”。它们首先会伸出粉色或肉色的吻部，悄悄靠近猎物，一旦时机成熟，就会射出连接毒腺的矛状齿舌，然后把毒素注射到鱼的体内，毒性之强烈足可使鱼类当场麻痹，有些种类的毒素甚至强到可以置人于死地！虽然某些中小型种类的芋螺的毒素没有强大到可以捕鱼，但对于其他贝类和海底蠕虫却是致命的。

“食素”的贝类很多，多以藻类为生。那它们是怎样进食的呢？像樱蛤和大多数双壳纲的贝类，它们有较长的水管，不仅可以摄取海水中悬浮的食物，而且可以依靠进水管的延伸把管口放置在周围的滩涂上，收集小型底栖藻及沉淀下来的食物来吃。

芋螺

珊瑚虫“讨厌”的珊瑚螺

“清道夫”织纹螺

珊瑚虫讨厌珊瑚螺、海星讨厌光螺的感受就好像我们讨厌蚊子一样，因为这些贝类是靠吸食珊瑚虫或海星的血液为生。

织纹螺是沿海一带的“清道夫”，它们喜欢以动物尸体为食。

天敌，天敌，你走开

贝类为了生存要觅食，但同样，它们也可能成为别人口中的美味。看上去海贝有贝壳保护，但是这份坚硬是相对的，海獭、海胆、海星、鳗鱼等都有弄碎贝壳、吃掉它们软体的可能性。为了躲避或防御捕食者，贝类进化出了对抗天敌的“本事”，可以概括为三字诀，一是“躲”，二是“逃”，三是“防”。

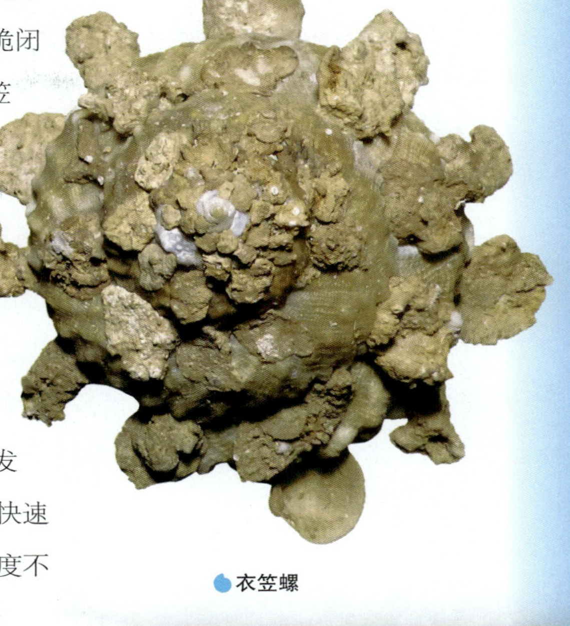
衣笠螺

深谙“躲”字诀的贝类，有的把自己埋入泥沙中，不拨开泥沙，绝对无法见到它们；有的则干脆闭壳不出。但躲藏起来并不是唯一的高招，像衣笠螺，它们不仅会“躲”，还会把砂石、其他的贝壳等周遭环境里的杂物粘在自己的壳体上，为自己“制作”出一件很好的伪装衣，堂而皇之地爬行而不引起捕食者的注意，它们是“高段位”的躲避者。

深谙“逃”字诀的贝类往往具备两种能力：一是运动速度快，像乌贼、章鱼等；有些具有爆发力的贝类同样也将这种功夫发挥得淋漓尽致，如快速开合双壳游走的扇贝、能跳跃的凤螺等；二是速度不

快速开合双壳游走的扇贝

快，但能放“烟幕弹”的海贝，典型代表就是海兔，有些种类的海兔在遭到攻击时能释放出紫红色的烟雾“迷惑”敌人；而深埋在泥沙中的竹蛏平时将柔软的水管伸到水中摄食，一旦水管被敌人抓住，它们就会切断水管末端来逃生。

深谙“防”字诀的贝类就像冷兵器时代里的甲胄骑士，骨螺用棘刺防御，唐冠螺用“铠甲”防御，这些“难啃的骨头”让很多天敌无从下口。而身形修长的笔螺等则有面积非常小的壳口，这样会使那些“大家伙”没法下嘴。总之，每种生物都有它赖以生存的独特技能和生存之道，这也是软体动物从远古生存至今的原因。

身形修长的笔螺

会释放烟雾的海兔

建筑师海贝

软体动物吸引我的是它们纯粹的美感。简单的螺旋结构能变化出多少花样？事实上它们如万花筒一样千变万化。贝壳的内里那么光滑，外表像经过了刻意的雕琢，像一件艺术品。我钟情于贝壳，它是我一生的事业。

——海尔特·J·弗尔迈伊

揭秘“三层”

人类建筑师修建房子都是挑选一个地点用各种材料进行搭建，但海贝不是这样。它身上的一部分专门负责建造“城堡”，而且随着海贝的长大，“城堡”也会随着增大。

典型的贝壳“城堡”由三层结构组成，包括最外面的角质层、中间的棱柱层、里面的珍珠层。但不是所有海贝的“城堡”都有这三层，如乌贼就只有内壳，结构相当于棱柱层或角质层，没有珍珠层。

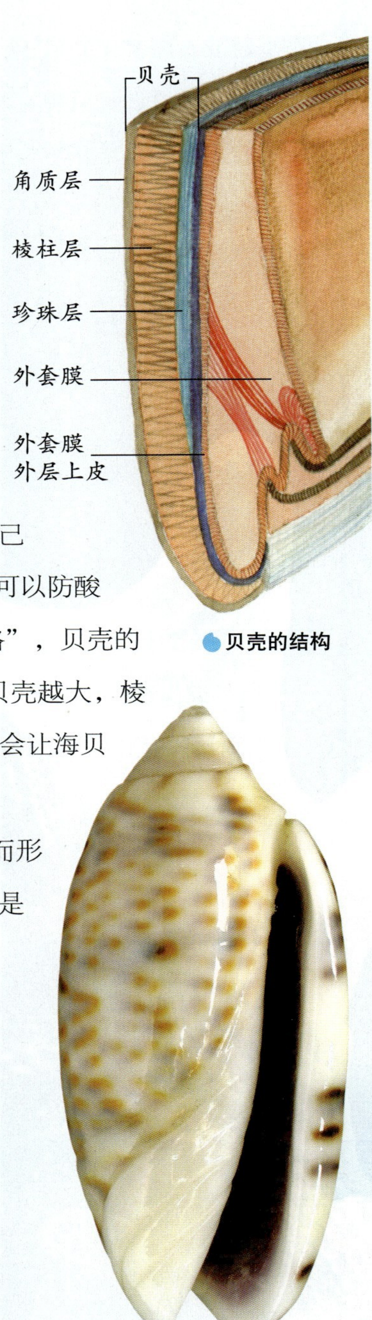

贝壳的结构

具有珍珠般光泽的榧螺

无论是角质层，还是棱柱层、珍珠层，每一层都有自己的“使命”。角质层在外壳表面，有光泽，它虽然薄，但可以防酸性或碱性物质腐蚀。长在中间的棱柱层算是海贝的“骨骼”，贝壳的最主要成分碳酸钙就以方解石的形式存在于这一层中，贝壳越大，棱柱层就会越坚硬。珍珠层由霰石等构成，其中贝壳蛋白质会让海贝发出珍珠般的光泽。

再向上追溯，角质层和棱柱层等都是由外套膜分泌而形成的。海贝能“建造”出坚硬的贝壳“城堡”，归根到底是外套膜在起作用。

玫瑰棘螺的棘

就这样，海贝外套膜分泌出碳酸钙，从壳口外唇以及壳轴上一层一层地凝叠起来，变成坚硬的外壳，不断扩大、不断加固；为了御敌，有的海贝贝壳上还会长出突起的瘤，或者尖刺状的棘，这不是为了美观，而是为了保护自己。

从上而下地生长

海贝在建筑自己的“房子”时，是从上而下的，也就是从壳顶以不同的形状向下生长的。仔细观察你会发现，它的螺旋部仿佛是一座有盘山公路的山，呈阶梯状。其实，在螺体中有一个螺轴，从壳顶一直贯穿到贝壳的基部。

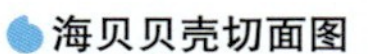

海贝贝壳切面图

腹足纲海贝的贝壳

高超的修缮力

海贝在建造“坚固城堡”的过程中，有时会遭遇灾难，甚至会造成贝壳破损。但是不用为此担心，海贝有从内部修缮“城堡”的能力。那些看上去很难修缮的部分也不是问题，因为外套膜有神奇的“修复术”。在修复时，外套膜会先分泌一层十字状的结晶体增加贝壳的强度，接着，再分泌一层物质，像是融合了蛋白质的“砖块”，它们交错相叠，这样能防止贝壳“城堡”裂痕的扩散。但在贝壳外表面，这道裂纹却会留下终身的印记。

贝壳彩雕：自然神工

关于海贝的贝壳，丁君、尉鹏曾在《大自然赐予的瑰宝：海贝》中这样写道："因为生长的周期性和连续性，贝壳展现出各种美丽的彩色花纹，形成了永远读不完的谜一般的图案。大自然的美学创造无所不在，这一点在贝类身上也不例外，如果稍加留意，在对一些细微的枝节进行观察时，你就会有不少意外的收获。"除了彩色花纹，贝壳表面的"雕刻"也让人充满好奇。

探问"神工"

贝壳上的图案是怎么形成的？这是个很复杂的问题，我们看到的花纹图案主要是在中间的棱柱层中沉积的各种有色化学物质导致的。贝类一般不直接产生有色物质，而是分泌无色底物和激活剂，利用激活剂来促使色素形成。贝类的外套膜是分泌形成贝壳的器官，随着里面软体的生长，贝壳也不断形成，在每个螺旋生长阶段中都伴随着无色底物和激活剂的不同分布，周而复始形成了规律性的花纹。

贝壳的色彩

贝壳的颜色丰富多彩——赤橙黄绿青蓝紫，自然界的所有颜色都能反映在贝壳上。你看，有"热情似火"的泡沫芋螺，有釉光灼灼的金龟车宝贝，有翠绿色的口螺，有呈玛瑙般青色的斯特朗笠贝，还有"深沉忧郁"的紫云蛤。

泡沫芋螺

“小清新”斯特朗笠贝

釉光灼灼的金龟车宝贝

紫云蛤

翠绿得让人想到薄荷的口螺

除了这些单色的种类外，更多的海贝贝壳有多种颜色和图案，形成了千变万化的面貌，比如“贝如其名”的多彩扇贝，还有“背上”长“棋盘”的棋盘宝贝。

甚至同一种类也会出现多种截然不同的色彩。瞧，同样是粗糙滨螺却分别有橙色、红色和黄色的“贝壳房子”，鹰翼凤螺也是这样。

如织锦扇的彩耙丽扇贝

棋盘宝贝

颜色多变的粗糙滨螺

鹰翼凤螺

贝壳的花纹

如果只有色彩没有花纹，毫无疑问，贝壳将会是单调的。贝壳的花纹像“万花筒”一样千变万化，有纵向条纹、横向条纹，有网状纹、放射状纹、波浪纹、三角纹，有斑块、圆点、眼斑等等。下面是几种典型的代表。

纵向条纹的贝利缘螺

横向条纹的宝石丽口螺

横向条纹的三带泡螺

网状纹的大花枕缨贝

网纹笔螺

有斑块的三彩捻螺

有斑块的红海斑宝贝

三角纹的金翎芋螺

有眼斑的蛇目宝贝

有眼斑的慧眼眼球贝

有像山水画波浪纹的华贵涡螺

有圆点的天主教筛目贝

有圆点的埃及眼球贝

放射纹状的黄拟套扇贝

贝壳的“雕刻”

无论是贝壳的鉴定还是欣赏，贝壳表面丰富多彩的雕刻都是非常重要的观察点。有颗粒突起，有纵、横螺肋，有方格形状的，也有棘刺型的，还有鳞片型，有蕨叶型，也有瘤状的和光滑的等。

颗粒“爬”满全身的疣织纹螺

横肋型的褶蜒螺

横肋型的灯笼嵌线螺

横肋型的金蛹宝贝

具有纵肋的织纹螺

纵肋型的亮螺

具有纵肋的梯螺

“身披”方格的方格桑椹螺

“身披”方格的方格衲螺

“棘刺在身”的堂皇海菊蛤

有棘刺的刺螺

有鳞片的中华海菊蛤

“鳞片美人”银口蝾螺

蕨叶型的新艳红翼螺

蕨叶型的绣球海菊蛤

蕨叶型的叶片角口螺

有瘤状突起的波纹嵌线螺

有瘤状突起的蛙螺

有瘤状突起的黑田鬘螺

表面光滑的大光螺

表面光滑的番红花芋螺

表面光滑的瓮螺

表面光滑的块斑宝贝

当然，很多贝壳的表面由两种或者两种以上的雕刻组成。

正是这些不同颜色、花纹和雕刻的海贝贝壳，组成了千奇百怪、光怪陆离的贝壳世界。

海贝的家园

几乎每块岩石或珊瑚礁下，都有动植物生存的空间，一旦遭到破坏，会给它们带来灭亡之灾。如果某片海滩不断地有人去寻宝探贝，而不注意保护生态环境，那么这块动植物自然栖息地便会逐渐被破坏。所以，请尊重这些毫无防范能力的动植物的生存空间。

——彼得·丹斯《贝壳》

沿　岸

海洋孕育万物。海贝原则上只要在有海水的地方就能生活，为了讲述方便，我们将其家园大体划分为两大类型，一类是沿岸地区，一类是深海地区。所谓沿岸地区不是我们通常意义上的海边，而是指植物所能利用光合作用的最深限度以上的海洋部分，为沿岸地区的范围画一个形象化的圆圈，珊瑚礁、滩涂、红树林和岩礁等都在其中。正是海洋植物的光合作用，让这一区域的养分非常充沛，海贝的食物相对较多。

潮上带、潮间带和潮下带

沿岸地区是采集贝类标本的好地方，由于深度、环境不同，沿岸地区还可以进一步细分为潮上带、潮间带和潮下带。

潮上带位于沿岸地区的最上部，是平均高潮线与特大潮水线之间的区域，正常潮汐作用下海水达不到此区域，但在大潮或风暴潮来临时，海水可以淹没潮上带。潮上带的沉积物主要是细粒物质以及生物（如藻类、有孔虫、介形虫、软体动物和植物根等）碎屑。

由于一般潮汐达不到此处，因此潮上带无法长期浸没在海水中，往往只能凭借海浪和海风带来的水汽而湿润。对于大部分海贝来说，这并非理想的家园。潮上带的海贝很有意思，虽然起源于海洋，却避忌长期浸没于海水中，大多是不能在海水中长时间生活、耐旱性较强的种，如滨螺类和肺螺类等，像是沙漠里的骆驼，不惧风吹日晒，忍耐干旱是它们最擅长的事。

潮间带是海贝的聚居地，看上去非常沉静，其实生动无比。海水涨至最高时所淹没的地方开始至潮水退到最低时露出水面的范围是我们所说的潮间带。由于潮水周而复始地涌上退却，这里的环境时而干燥、时而潮湿，温度时高时低，盐度也是时时变化——微环境的变化非常大，这里是海贝的“乐园”。根据底质的不同，潮间带的生态区域类型可分为红树林、滩涂、岩礁和珊瑚礁等。

细点滨螺

潮间带再往下深入就到潮下带了，潮下带是位于平均低潮线以下、潮间浅滩外面的水下岸坡。这个区域的水尚不算深，阳光充沛、波浪作用频繁，因此海水中的溶解氧含量很高。潮水从大陆架等地带来了丰富饵料，海洋底栖生物也获得了良好的发育。在这个区域生活着大量的海洋生物，也是海贝种类丰富、数量最多的区域。

潮间带是海贝的“聚居地”

潮间带的红树林

红树林生长在泥质潮间带上，是以红树科种类为主的一类常绿灌木或小乔木植物群落。由于这些植物具有喜盐性，它们一般生长在热带或亚热带海岸潮间带上部。

红树很奇特，具有呼吸根或支柱根，种子可以在树上的果实中萌芽长成小苗，然后再脱离母株，坠落到淤泥中发育生长，是一种非常少见的“胎生”植物。很多海贝、鸟类以及小型哺乳动物在红树林里生活。

如此适宜的环境，海贝自然不会放过。这里有喜欢攀枝附叶的滨螺和蜒螺，喜欢安静地在泥滩爬行的蟹守螺和耳螺，还有喜欢居住在红树林根部的牡蛎等。

喜欢攀枝附叶的滨螺

潮间带的滩涂

你去海边玩时一定有过光着脚在沙滩上感受细沙和海水从脚趾缝中流动的时候，你所站的地方其实就是沙质海滩——一种潮间带的滩涂类型，在这里我们可以捡到被海浪冲上来的贝壳。除沙质海滩，潮间带还有岩滩和泥滩等类型。这样的生态系统孕育了很多喜欢掘泥沙的海贝，如双壳纲的鸟蛤、蛏子等，腹足纲的泥螺、锥螺等也非常喜欢生活在滩涂上。

爱往泥里钻的锥螺

潮间带的岩礁

岩礁像是整个岩滩的单个缩影，它一般是位于或近于水面的一组礁石。潮涨潮落，看似单调的礁石其实是很多海贝赖以生存的家。礁石上的很多孔穴是贝类躲避天敌的天然“防空洞”。在这里你可以看到石鳖、笠贝、帽贝、滨螺、单齿螺、菊花螺、贻贝等。

石鳖

潮下带的珊瑚礁

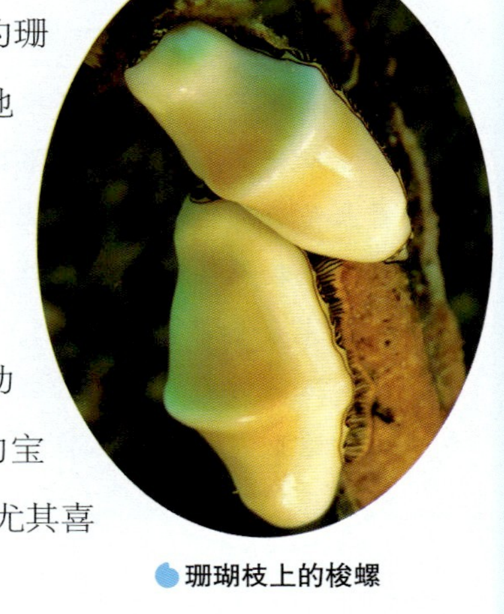
珊瑚枝上的梭螺

珊瑚礁多数位于南、北纬30度之间的热带海域，拥有惊人的生物多样性。珊瑚礁是由珊瑚虫的骨骼组成的，每一个单体的珊瑚虫只有米粒大小，它们一群一群地聚居在一起，一代代地生长，一代代地死亡，数百年至数万年的时间里以它们的骨骼为主不断累积便形成了珊瑚礁。

在珊瑚礁丛周围栖息和生活的生物，种类繁多，千奇百怪，有浮游动物，有鱼类等。以珊瑚礁为家的还有软体动物、棘皮动物和节肢动物等。深受人们喜爱的某些种类的宝贝、涡螺、芋螺就非常喜欢生活在这里，而珊瑚枝上的梭螺尤其喜欢模仿珊瑚虫的样子，伸出五彩缤纷的触手。

珊瑚礁生态系统是脆弱的。捕鱼时使用有毒物质和炸药、环境污染、泥沙沉积、全球气温上升、海洋酸化等都会破坏珊瑚礁生态系统，估计全球有60%的珊瑚礁受到人类活动的威胁。我国海南岛近岸的珊瑚礁已遭到非常严重的破坏，栖息在珊瑚礁环境中的海洋贝类已濒临灭绝。保护这些可爱的小生灵，保护珊瑚礁，保护海洋，就是保护我们美丽的蓝色星球、保护人类自己。

深　海

海洋以阔达的胸怀包容万物，但海洋中有的地方对生命并不那么宽容。潮间带和浅海区的海水中生活着大量海洋生物，随着海水深度的增加，光线越来越少，植物无法进行光合作用，也就意味着生物链最底端的光合自养生物减少，其他生物也就很难在此生存。深海区域与浅海区域海贝繁盛的情景是完全不同的，这里有的只是孤寂和黑暗，只有能适应如此环境的海贝才能在这里生活。

深，一直向下

我们这里所说的深海一般指水深200米以上的海域。光线无法进入到这个深度的海洋中，食物链中缺少初级生产者，故深海的生物密度较浅海来说低很多。而深海又可根据水深分为中层带、深层带、深渊带与超深渊带。

深海底的生物集中在海底热液喷口附近

中层带是指200～1000米深的水层，此层虽有微光透入，然而植物已不足以进行光合作用。深层带是指1000～4000米深的水层，这层完全没有阳光，所以生活在这层的动物不是眼睛退化，就是进化出“照明设备”。深渊带是指4000～6000米深的水层，此层是海底热液喷口所在地。生物分布高度集中于海底热液喷口附近，其余地区生物稀少。超深渊带是指6000米至大洋最深处的水层，大多数海沟就处于超深渊带里，最深的马里亚纳海沟，深达10911米。这层较其他层压力更大，生物更加难以生存。

贝藏深海

虽然生活如此艰难，但事实证明在深海中生活的海贝种类并不像我们想象中的那么少。

深海几乎没有植物，所以要在这里生活，海贝应好好适应此处的环境。首先，一些贝类的胃口得变一下，这里有生活在深海区的海绵种类，海绵就成了很多贝类的食物，如某些宝贝、翁戎螺等都以它为食。

海绵

其次很多贝类的“服装”发生了变化，变得缺少色彩和图案。由于没有光线，再华丽的外表也起不到拟态或警告的作用了。

第三，贝壳的薄厚发生了变化，深海的水压相当大，一些贝类在“房子”的厚薄上花了更多“心思”。在3500多米生活的 *Alviniconcha hessleri* 就会用薄壳来抵消内外的压力以便于更好地适应深海的生活。

人类不断探索海洋，正在朝着更深更全面的方向来了解海洋，但依旧有许多领域未知而神秘，深海海贝就是需要人类进一步研究的领域。

Alviniconcha hessleri 生活在海底热液喷口附近

我们与海贝

贝类对人类有很多益处，相信随着人类生活的实践和科学的发展将会有更多的贝类被人类所利用。但是，也有许多贝类对我们有害。如海洋中的船蛆、海笋能穿凿木船、码头的木桩以及海港的木、石建筑物，对航海、交通、捕捞等危害很大。

——张玺、齐钟彦《我国的贝类》

不得不防的海贝

海贝是我们的朋友，它们遵循自然的理数，在海洋生态系统中生活。但站在我们的角度，有几种海贝的存在对人类的活动造成了一定程度的困扰和威胁，是不得不防的海贝。

“爱开凿”的海贝

在海贝中，凿船贝和凿穴蛤是天生跟木头、石头“过不去”的海贝。因此，凿船贝会威胁船只安全，凿穴蛤会威胁堤坝安全。

为对付海洋有害贝类的破坏作用，可以在船底、海洋建筑物上涂刷特制的漆，杀死附着于船底或海洋建筑物上的贝类幼虫，以防止有害贝类对人类生产、生活的破坏。

吃藻类的海贝

除了船蛆等，还有些贝类对人类生产活动会产生一定的影响，如锈凹螺、单齿螺、银口蝾螺以藻类为食，这种海贝在一定程度上危害到了藻类的养殖。

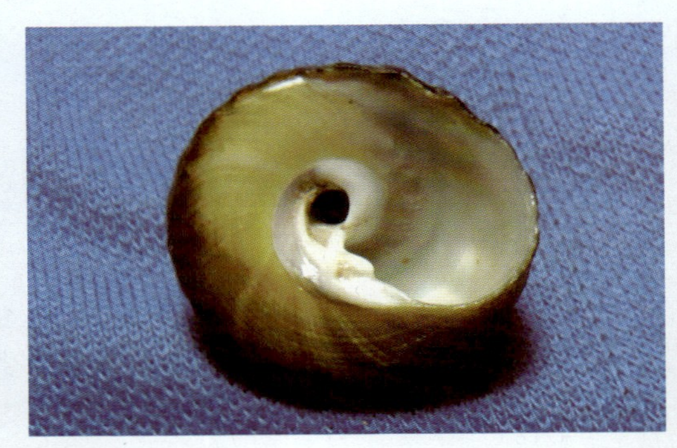

吃藻类的锈凹螺

吃双壳贝的骨螺

吃海贝的海贝

骨螺是典型的肉食性贝类，喜欢吃小的双壳贝，沿海养殖的经济贝类经常遭到骨螺的危害。

和海贝的“不得不防”相比，“人见人爱”的海贝更为普遍，更值得一说，翻到下一页，你就知道哪些海贝人见人爱了。

人见人爱的海贝

海贝是大自然的杰出之作，那些奇特的造型、美丽的纹理和多变的色彩，不论是浑然天成的海贝贝壳还是加入人类智慧的海贝设计作品都美轮美奂。长久以来，海贝不仅仅是海贝，而是与人类的生活、文化等息息相关。

贝币

从夏代起，中国就有了最原始的货币——贝币，它们是由坚实圆润、有着珍珠般色泽的贝壳加工而成的。中国远古时代贝的种类很多，被作为货币使用较多的是货贝和环纹货贝。

环纹货贝

食贝

海贝营养丰富，含有丰富的蛋白质、脂肪、糖类等，味道鲜美，深受人们的喜爱。牡蛎、蛏子、泥蚶、贻贝、扇贝等都是有食用价值的海产品。海贝的软体可以供人类食用，外壳则可以被捣碎成粉末制成饲料来喂养动物。

新鲜海贝非常美味，“干货”海贝照样十分怡人。贻贝的干制品称为“淡菜”，牡蛎的干制品称为“蠔豉”，蛏的干制品称为“蛏干”，扇贝的闭壳肌干制品称为“干贝”，它们都是营养丰富、味道鲜美的海产品。

脉红螺

美味的干贝

房与路靠贝壳

贝壳的主要成分是碳酸钙，非常坚硬，在世界一些地方是铺路的好材料。贝壳被焚烧后，可制成石灰，也可制作水泥，用于建筑行业。

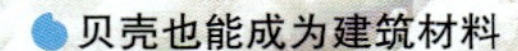

贝壳也能成为建筑材料

建筑世界中的“贝壳”

贝壳种类繁多，形状各异，有的呈陀螺状、有的呈圆锥状、有的呈宝塔状，还有的呈圆盘状，千姿百态，令人称奇。贝壳的形貌启迪了建筑学家的设计思想，成为现代建筑设计模仿的重要目标。

代代木体育馆是亚洲第一位普利兹克建筑奖得主、日本建筑师丹下健三的作品。它是丹下健三结构表现主义时期的顶峰之作，主、附馆的屋顶像是两个形状不同的贝壳，造型非常特别。

墨西哥一位设计师受海螺启发，在墨西哥设计并修建了一座名为鹦鹉螺的房子。

代代木体育馆

“鹦鹉螺”房

贝壳与洛可可艺术

贝壳造型赋予人们的设计灵感并不仅仅局限于建筑，它甚至成为一种独特的艺术风格——洛可可风格。

洛可可是18世纪产生于法国而后遍及欧洲的一种艺术形式或艺术风格。洛可可（Rococo）的词义是“贝壳形”，源于法文Rocaille。

洛可可艺术形式具有轻快、精致、细腻、繁复等特点，广泛用于室内设计、丝织品、漆器、建筑、雕塑、绘画、文学、电影以及家具、陶瓷、服装设计等多个艺术领域。

海贝也能用来做染料

骨螺紫是指用骨螺科海贝的鳃下腺分泌的黄色黏液，在光照作用下变成的紫色染料。最早使用骨螺紫染色的是腓尼基人，他们以地中海的染料骨螺为原料将羊毛染成紫色。骨螺紫染色非常牢固，且具有理想的深度和色彩，但是若要得到1克染料就需要提取2000多个海贝，因此染料的获取非常艰难，技术方面也存在问题。在古代西方骨螺紫成为权力和地位的象征，是专属贵族和神职人员的服装用色。

染料骨螺

贝壳考古

海贝贝壳在考古研究中也很重要。例如，某些地区的贝壳如果出现在另一地区的坟墓或废墟中，就说明这两个地区可能存在着贸易关系。贝壳化石，还为地质学、古生物学的研究提供资料。

贝壳化石

现代科技下的海贝贝壳应用

现代科学还在更大地开发海贝贝壳的功能，使其在医疗和家居方面也能发挥作用。

试验证实，将贝壳中提取的碳酸钙制成溶液，置入大肠杆菌后不到10分钟，大肠杆菌就被杀灭。据此，“贝壳溶液”可代替医院长期使用的传统化学消毒液，不仅消毒效果好，而且不会对环境产生化学污染。

居家装修和家具制作时都大量使用甲醛作为黏合剂，但甲醛是一种挥发性化学物质，吸入后会对人体产生不利影响，甚至可能诱发癌症。日本专家开发的一种掺有贝壳粉的墙壁涂料，可使房间中的甲醛浓度降低至原来的1/5，此外还能吸收化学涂料散发出来的其他有害成分，将室内空气中的有害化学成分控制在较低水平。

从古至今，海贝贝壳已经渗透于人类活动的方方面面，为人们提供了无数的灵感和帮助。海洋是孕育这种美丽生物的摇篮，爱海洋、爱海贝，需要我们倾注更多的热情。除了适度采集以外，更重要的是对海洋环境和海洋资源的保护，这样我们的子子孙孙才能可持续地开发和利用海洋资源，让福泽永续。

读完《初识海贝》，相信你已经对海贝有了初步的认识和了解，你可能已被海贝的螺旋之美、对称之美和花纹之美深深吸引。本书篇幅有限，难以在百页之间尽道贝类之全貌，本系列的其他分册对海贝会各自进行更深入的介绍，更多的知识也会在你将来的学习中越积越多。希望《初识海贝》带给你的是因好奇而闪光的日子，更希望你爱上海贝，爱上海洋！

图书在版编目（CIP）数据

初识海贝 / 张素萍主编. —青岛：中国海洋大学出版社，2015.5 （2018.3重印）
（神奇的海贝 / 张素萍总主编）
ISBN 978-7-5670-0840-3

Ⅰ.①初… Ⅱ.①张… Ⅲ.①贝类－普及读物 Ⅳ.①Q959.215-49

中国版本图书馆CIP数据核字（2015）第043233号

初识海贝

出 版 人	杨立敏		
出版发行	中国海洋大学出版社有限公司		
社　　址	青岛市香港东路23号		
网　　址	http://www.ouc-press.com	邮政编码	266071
责任编辑	王　晓　电话　0532-85901092	电子信箱	wulawula2008@163.com
印　　制	青岛正商印刷有限公司	订购电话	0532-82032573（传真）
版　　次	2015年5月第1版	印　　次	2018年3月第2次印刷
成品尺寸	185mm×225mm	印　　张	8
字　　数	64千	定　　价	23.80元

发现印装质量问题，请致电 18661627679，由印刷厂负责调换。